Da Química Medicinal à Química Combinatória e Modelagem Molecular

um curso prático

Da Química Medicinal à Química Combinatória e Modelagem Molecular

um curso prático

2ª edição

Organizadores:

Prof. Dr. César Cornélio Andrei

Profª Dra. Dalva Trevisan Ferreira

Prof. Dr. Milton Faccione

Profª Dra. Terezinha de Jesus Faria

Manole

Copyright © 2012 Editora Manole Ltda., por meio de contrato com os autores.

Este livro contempla as regras do Acordo Ortográfico da Língua Portuguesa de 1990, que entrou em vigor no Brasil.

Diagramação: Departamento editorial da Editora Manole
Capa: Departamento de arte da Editora Manole

Dados Internacionais de Catalogação na Publicação (CIP)
(Câmara Brasileira do Livro, SP, Brasil)

Da química medicinal à química combinatória e modelagem molecular : um curso prático / organizadores César Cornélio Andrei...[et al.]. – 2. ed. – Barueri, SP : Manole, 2012.

Vários autores.
Outros organizadores: Dalva Trevisan Ferreira, Milton Faccione, Terezinha de Jesus Faria.

Bibliografia.
ISBN 978-85-204-3270-9

1. Química farmacêutica I. Andrei, César Cornélio. II. Ferreira, Dalva Trevisan. III. Faccione, Milton. IV. Faria, Terezinha de Jesus.

11-03148   CDD 615.19

Índices para catálogo sistemático:
1. Química farmacêutica 615.19

1ª edição – 2003
2ª edição – 2012

Editora Manole Ltda.
Av. Ceci, 672 – Tamboré
06460-120 – Barueri – SP – Brasil
Tel.: (11) 4196-6000
Fax: (11) 4196-6021
www.manole.com.br
info@manole.com.br

Impresso no Brasil
Printed in Brazil

Lista de autores

César Cornélio Andrei
Professor da Universidade Estadual de Londrina
Graduado em Agronomia (UFRJ)
Mestre em Química de Produtos Naturais (UFRJ)
Doutor em Química de Produtos Naturais (UFSCar)
Endereço eletrônico: *andrei@uel.br*

Dalva Trevisan Ferreira
Professora da Universidade Estadual de Londrina
Graduada em Farmácia e Bioquímica (UFSM)
Mestre em Síntese Orgânica (UFRGS)
Doutora em Síntese Orgânica (UFMG)
Endereço eletrônico: *dalva@uel.br*

Edson Rodrigues Filho
Professor da Universidade Federal de São Carlos
Graduado em Química (UFUb)
Mestre em Química Orgânica (UFSCar)
Doutor em Química Orgânica (UFSCar)
Endereço eletrônico: *edson@dq.ufscar.br*

Maria Auxiliadôra Fontes Prado
Professora da Universidade Federal de Minas Gerais
Graduada em Farmácia e Bioquímica (UFMG)
Mestre em Química Orgânica (UFMG)
Doutora em Química Orgânica (UFMG)
Endereço eletrônico: *doraprad@dedalus.lcc.ufmg.br*

Milton Faccione
Professor da Universidade Estadual de Londrina
Graduado em Química (UEL)
Mestre em Química Orgânica (Unicamp)
Doutor em Química Orgânica (UFSCar)
Endereço eletrônico: *faccione@uel.br*

Regina Maria Geris dos Santos
   Professora da Universidade Federal de São Carlos
   Graduada em Farmácia e Bioquímica (UEL)
   Mestre em Química Orgânica (UFSCar)
   Doutoranda em Química Orgânica (UFSCar)
   Endereço eletrônico: *rmgeris@ufba.br*

Stela Regina Ferrarini
   Doutoranda em Ciências Farmacêuticas (UFRGS)
   Graduada em Farmácia Clínica Industrial (URI)
   Mestre em Ciências Farmacêuticas (UFRGS)
   Endereço eletrônico: *stelaferrarini@ufrgs.br*

Thaís Horta Álvares da Silva
   Professora da Universidade Federal de Minas Gerais
   Graduada em Farmácia e Bioquímica (UFMG)
   Mestre em Química (UFMG)
   Doutora em Química (UFMG)
   Endereço eletrônico: *thais@farmacia.ufmg.br*

Terezinha de Jesus Faria
   Professora da Universidade Estadual de Londrina
   Graduada em Farmácia e Bioquímica (UFMG)
   Mestre em Química Orgânica (UFMG)
   Doutora em Química Orgânica (UFMG)
   Endereço eletrônico: *tjfaria@uel.br*

Vera Lúcia Eifler-Lima
   Professora Associada 2 da Universidade Federal do Rio Grande do Sul
   Graduada em Farmácia e Bioquímica (UFRGS)
   Mestre em Ciências Farmacêuticas (UFRGS)
   Doutora em Química Orgânica (Université de Rennes I, França)
   Endereço eletrônico: *veraeifler@ufrgs.br*

Prefácio

Publicado inicialmente em 2001, *Da química medicinal à química combinatória e modelagem molecular: um curso prático* cumpriu seu objetivo inicial de ser um instrumento de consulta e apoio à formulação de aulas práticas para uma série de cursos de graduação, de diferentes regiões geopolíticas do Brasil, com diferentes realidades e expectativas.

Nesta segunda edição, revisada e ampliada, alguns rumos foram corrigidos e empregou-se uma moderna roupagem gráfica, compatível com a atualidade. Alguns capítulos foram mantidos integralmente e serão objeto de reformulações em edições futuras.

A sequência didática dos capítulos, a qual entendemos ser a mais correta, foi mantida e está estruturada da seguinte forma: métodos de extração e purificação; determinação das constantes físicas; sínteses e semissínteses; determinação estrutural; modelagem molecular; química combinatória; e reações químicas de biotransformações.

Londrina, agosto de 2011.

Os organizadores

Sumário

Capítulo 4. Identificação espectrométrica de substâncias

Capítulo 5. Química combinatória

CAPÍTULO 1

Processos de separação e purificação de fármacos

Terezinha de Jesus Faria

Destilação

Noções gerais

A destilação é um método de separação de líquidos misturados com sólidos ou com outros líquidos, baseado na diferença dos pontos de ebulição dos diferentes componentes da mistura. O processo consiste no aquecimento de um líquido até seu ponto de ebulição, fazendo-o passar para o estado gasoso e, em seguida, retornar à forma líquida (condensação) por meio da refrigeração do vapor. O líquido obtido da condensação do vapor é chamado de destilado.

O ponto de ebulição é definido como a temperatura na qual a substância passa do estado líquido para o gasoso, ou seja, a temperatura na qual a pressão de vapor do líquido se iguala à pressão externa exercida sobre a superfície do líquido. A pressão de vapor de um líquido é a pressão exercida pelo líquido sobre a sua vizinhança, resultante da saída de moléculas da superfície do líquido na forma gasosa. O aumento da temperatura provoca o aumento da pressão de vapor do líquido, pois o aquecimento aumenta a energia cinética das moléculas, deslocando o equilíbrio para o sentido de formação de gás. A uma determinada temperatura, a pressão de vapor é constante, sendo normalmente expressa pela altura de uma coluna de mercúrio que produza a mesma pressão. As impurezas podem aumentar ou diminuir o ponto de ebulição, dependendo do tipo de interação existente entre elas e o líquido.

Superaquecimento e destilação tumultuosa

No processo de destilação, o aquecimento forma bolhas de vapor na superfície inferior do líquido em contato com o vidro aquecido do balão de destilação. A presença de ar dissolvido no líquido, ou aderido como uma película na superfície áspera do vidro, facilita a formação de bolhas. Com o aquecimento, a pressão dentro da bolha eleva-se acima da pressão atmosférica e, em consequência, a bolha é expelida. Dessa maneira, a presença de pequenas bolhas de ar ou de outros núcleos promove uma destilação regular, na qual a formação de bolhas de vapor ocorre harmoniosamente. Por outro lado, se a mistura líquida não contiver ar dissolvido ou se as paredes do balão de destilação estiverem muito lisas, as bolhas se formarão com dificuldade e a temperatura poderá elevar-se acima do ponto de ebulição do líquido, tornando-o superaquecido. Nessas condições, quando eventualmente se forma uma bolha, a pressão de vapor correspondente à temperatura do líquido é muito maior do que a soma das pressões da atmosfera e da coluna de líquido. Ocorre desprendimento de vapor, a bolha aumenta de tamanho rapidamente e a temperatura do líquido cai ligeiramente, resultando em uma destilação tumultuosa ou irregular. O método mais utilizado para prevenir ou reduzir a destilação tumultuosa é a adição de alguns fragmentos de porcelana não vidrada (porosa) no balão de destilação. A porcelana libera pequenas quantidades de ar, promovendo uma ebulição regular. A adição dos fragmentos de porcelana deve ser feita antes que a destilação seja iniciada e nunca quando o líquido estiver aquecido, pois poderá ocorrer desprendimento repentino de vapor e o líquido ser projetado para fora do balão de destilação. Caso a destilação tenha de ser interrompida, deve-se adicionar dois ou três fragmentos de porcelana nova antes de reiniciar o aquecimento, pois a porcelana adicionada inicialmente se torna ineficaz devido à absorção de líquido que ocorre durante o resfriamento.

Tipos de destilação

Destilação simples

A destilação simples envolve apenas um ciclo de vaporização-condensação e é aplicada para separar líquidos com pontos de ebulição muito diferentes, ou seja, que diferem em pelo menos 60 °C a 70 °C. Geralmente, o método é a última etapa da purificação de uma substância líquida que contenha impurezas não voláteis ou pequenas quantidades de impurezas voláteis cujos pontos de ebulição sejam muito diferentes do líquido a ser purificado.

Técnica

Montar a aparelhagem ilustrada no esquema da Figura 1.1, seguindo as etapas na sequência:

1. Selecionar um balão de fundo redondo, cujo tamanho permita que a mistura a ser destilada ocupe a metade do volume total do balão.
2. Transferir a mistura a ser destilada para o balão de destilação com o auxílio de um funil analítico e adicionar pequenos fragmentos de porcelana.
3. Conectar o balão de destilação a uma cabeça de destilação adaptada a um termômetro.
4. Colocar o conjunto em uma manta aquecedora ligada a um termostato. A fonte de calor também poderá ser um banho de óleo aquecido em chapa elétrica com sistema de agitação magnética. Neste caso, não adicionar os fragmentos de porcelana.
5. Adaptar um condensador à cabeça de destilação, prendendo-o a um suporte universal com garras.
6. Adaptar as mangueiras de látex ao condensador, colocando a mangueira de entrada de água na parte inferior do condensador e a de saída de água na parte superior.

7. Adaptar a alonga de vidro e o balão coletor à saída do condensador. Se for necessário obter o solvente anidro, e adaptar um tubo secante contendo agente dessecante (cloreto de cálcio ou sílica gel) na abertura para saída de gases da alonga de vidro.
8. Abrir a torneira da água de refrigeração e iniciar o aquecimento do balão de destilação.
9. Recolher o destilado, desprezando uma pequena porção do início da destilação, pois ela poderá conter impurezas de baixo ponto de ebulição que poderão ser destiladas numa temperatura abaixo do ponto de ebulição da fração principal.

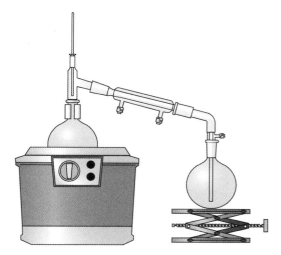

FIGURA 1.1 Aparelhagem de destilação simples.

Precauções a serem tomadas

1. As mangueiras de látex devem ser presas ao condensador com fios de plástico ou pedaços de barbante para evitar vazamento de água.
2. A destilação não deve ser conduzida até a secura do balão para evitar os seguintes problemas: quebra do balão de destilação pelo superaquecimento, dificuldade de limpeza do balão devido à aderência de resíduos da destilação, explosões provocadas pela formação de peróxidos quando a destilação envolver éteres, álcoois secundários e alquenos.
3. As conexões esmerilhadas do conjunto de destilação devem ser lubrificadas com vaselina ou graxa de silicone para evitar a aderência das mesmas. Este procedimento é imprescindível quando a destilação envolver hidróxido de sódio, pois a base ataca o vidro, causando a aderência definitiva das conexões de vidro.

Destilação fracionada

A destilação fracionada é utilizada para separar líquidos com pontos de ebulição próximos. O ponto de ebulição de uma mistura depende das pressões de vapor dos seus componentes. Uma mistura de dois ou mais fluidos entra em ebulição quando a pressão de vapor total sobre a mistura se iguala à pressão externa.

Técnica

Na destilação fracionada são utilizados os mesmos materiais da destilação simples, acrescentando-se uma coluna de fracionamento. Uma coluna de uso comum é a coluna de Vigreux, embora ela apresente uma eficiência moderada. Este dispositivo é constituído de um tubo de vidro recortado em forma de dentes, sendo que as pontas de cada par desses dentes quase se tocam. Veja a aparelhagem representada na figura seguinte:

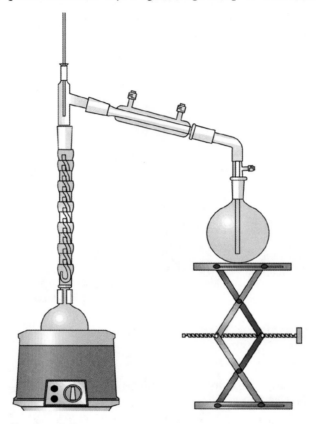

FIGURA 1.2 Aparelhagem de destilação fracionada.

Destilação à pressão reduzida

A destilação à pressão reduzida é usada na separação de líquidos com alto ponto de ebulição, geralmente superior a 180 °C. Como foi visto, a diminuição da pressão sobre a superfície do líquido faz com que ele destile a temperaturas mais baixas do que à pressão normal, evitando uma possível decomposição térmica da substância.

Técnica

A aparelhagem da destilação à pressão reduzida é basicamente a mesma da destilação simples ou fracionada, mas, agora, ela é adaptada a um sistema de vácuo como mostrado na Figura 1.3. O vácuo pode ser produzido por uma trompa d'água capaz de fornecer pressões inferiores a 12 mm de Hg, ou por uma bomba de vácuo capaz de produzir pressões inferiores a 0,01 mm de Hg. A bomba de vácuo deve ser protegida por um *trap* resfriado por nitrogênio líquido ou gelo seco para evitar a transferência de vapores para o interior da mesma.

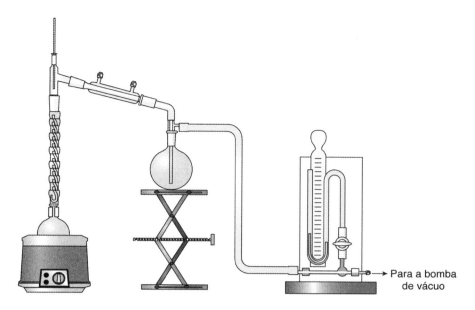

FIGURA 1.3 Aparelhagem de destilação à pressão reduzida.

Remoção rápida de solventes

A remoção rápida de um solvente, com recuperação do mesmo, é conseguida com o uso de um evaporador rotatório, representado na Figura 1.4. Como o evaporador notatório é adaptado a um sistema de vácuo e possui um sistema de rotação do balão de destilação, o solvente é destilado a baixa temperatura e num curto período de tempo. O sistema de rotação torna desnecessário o uso de fragmentos de porcelana, pois a agitação da mistura previne a destilação tumultuosa.

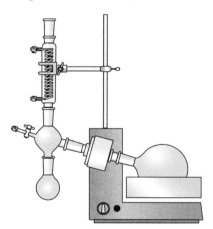

FIGURA 1.4 Evaporador rotatório.

Destilação por arraste a vapor

No processo de destilação por arraste a vapor, água e um ou mais líquidos imiscíveis em água são destilados conjuntamente. Muitas substâncias orgânicas se decompõem em temperaturas próximas de seu ponto de ebulição, portanto, a co-destilação com água previne a decomposição, uma vez que a mistura a ser destilada entra em ebulição a uma temperatura inferior ao ponto de ebulição da água.

Este tipo de destilação depende da imiscibilidade entre as substâncias orgânicas e a água. De acordo com a Lei de Dalton, sobre as pressões parciais dos gases, num sistema contendo vapores imiscíveis, cada componente exerce sua própria pressão de vapor, independentemente dos outros componentes presentes. Portanto, a pressão de vapor total sobre a mistura é igual à soma das pressões de vapor de cada componente. O ponto de ebulição da mistura de líquidos imiscíveis corresponde, portanto, à temperatura na qual a soma das pressões de vapor de cada componente se iguala à pressão atmosférica. Dessa maneira, a temperatura de destilação por arraste a vapor de água de uma substância razoavelmente volátil será sempre inferior a 100° C, ponto de ebulição da água à pressão normal. A destilação da maioria das substâncias nesse processo ocorre entre 80-100 °C; por exemplo, o octano (p. e. = 126 °C) destila a 90 °C e o octan-1-ol (p. e. = 195 °C) destila a 99,4 °C.

Técnica

No procedimento da destilação por arraste a vapor, o vapor de água pode ser obtido de uma fonte externa, a partir de uma linha de vapor (Fig. 1.5), ou pode ser gerado dentro do próprio sistema de destilação (Fig. 1.6).

a) Destilação por arraste a vapor com geração externa de vapor

Fazer a montagem de destilação como indicado na Figura 1.5.

Adicionar o material a ser destilado e uma pequena quantidade de água no balão de destilação, que deve conter fragmentos de porcelana.

Abrir a torneira da água de refrigeração e conectar a linha de vapor ao sistema, de maneira que o vapor de água passe através do material a ser destilado.

Recolher o destilado, separando-o da água por extração com solvente, conforme técnica descrita na página 12.

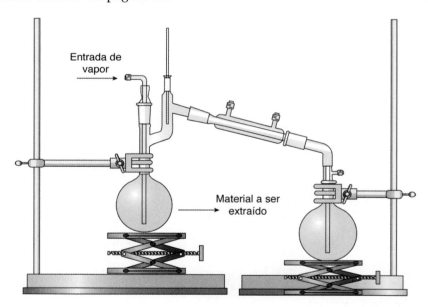

FIGURA 1.5 Aparelhagem de destilação por arraste a vapor com geração externa de vapor.

b) Destilação por arraste a vapor com geração interna de vapor

Preparar a aparelhagem de destilação conforme indicado na Figura 1.6. Note que essa aparelhagem possui um funil de separação para adição de água ao balão de destilação, caso seja necessário adicionar mais água durante o processo de destilação.

Colocar o material a ser destilado no balão de destilação e cobri-lo com água destilada. Adicionar um ou dois fragmentos de porcelana ou pérolas de vidro.

Realizar a destilação, controlando a temperatura.

Separar o material orgânico da mistura destilada utilizando a técnica de extração com solvente orgânico ou decantação em funil de separação; neste caso, a quantidade do material orgânico destilado deve ser suficiente para permitir a separação das fases.

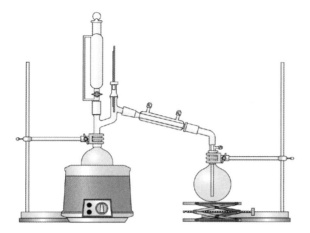

Figura 1.6 Aparelhagem de destilação por arraste a vapor com geração interna de vapor.

O aparelho de Clevenger, ilustrado a seguir, funciona de acordo com o sistema de destilação por arraste a vapor com geração interna de vapor e é usado para a destilação de óleos essenciais.

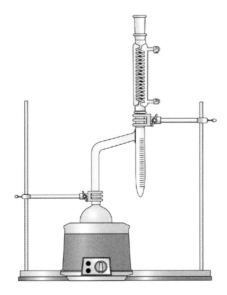

Figura 1.7 Aparelho de Clevenger.

Aquecimento sob refluxo

No aquecimento sob refluxo, um líquido é aquecido até atingir seu ponto de ebulição e o vapor formado se condensa ao entrar em contato com um condensador de refluxo, colocado verticalmente sobre o balão que contém o líquido em ebulição. Desse modo, o condensador de refluxo impede que o vapor escape do sistema, fazendo-o retornar ao balão de destilação na forma líquida. O termo refluxo, portanto, refere-se à volta do líquido ao balão.

O sistema de refluxo é muito utilizado em reações químicas, uma vez que a maioria delas é realizada sob aquecimento. A temperatura ideal para a reação é obtida realizando-se o refluxo do solvente da reação. Em algumas situações, o próprio reagente líquido é usado para obter o refluxo. O aquecimento sob refluxo também é utilizado nos processos de purificação de solventes quando estes necessitam de aquecimento.

Técnica

Montar a aparelhagem mostrada no esquema da Figura 1.8, seguindo as etapas da sequência:

1. Colocar o material a ser refluxado no balão de destilação.
2. Adaptar um condensador de refluxo verticalmente sobre o balão de destilação.
3. Se o processo exigir condições anidras, adaptar um tubo de vidro contendo substância dessecante na saída do condensador.
4. Aquecer o sistema à temperatura de ebulição do líquido a ser refluxado. Se o aquecimento for feito em manta aquecedora, deve-se adicionar pequenos fragmentos de porcelana porosa no balão de destilação para garantir uma ebulição regular. O aquecimento também pode ser feito em banho de óleo aquecido em chapa elétrica; neste caso, utilizar agitação magnética.

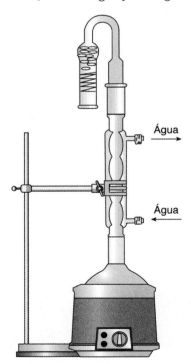

FIGURA 1.8 Aparelhagem de aquecimento sob refluxo.

Parte experimental

Como exemplos de aplicação dos métodos de destilação e aquecimento sob refluxo, apresentaremos experimentos de obtenção de óleos voláteis e de tratamento de solventes utilizados em síntese.

Destilação simples

Experimento 1: Tratamento de clorofórmio

Lavar o clorofórmio com água destilada para remoção de etanol (o etanol é usado como estabilizante para evitar a formação de fosgênio).

Secar com carbonato de potássio ou cloreto de cálcio.

Refluxar com um dos seguintes agentes dessecantes: pentóxido de fósforo, cloreto de cálcio, sulfato de cálcio ou sulfato de sódio.

Destilar segundo a técnica de destilação simples descrita na página 2.

Estocar o destilado em frasco de vidro âmbar para evitar a decomposição química com formação de fosgênio.

Experimento 2: Tratamento de 1,2-dicloroetano

Deixar o 1,2-dicloroetano em contato com sulfato de magnésio por 3 horas.

Destilar segundo a técnica de destilação simples descrita na página 2.

Guardar o destilado em frasco de vidro âmbar.

Destilação à pressão reduzida

Experimento 1: Tratamento de trifluoreto de boro eterato

Deixar o trifluoreto de boro eterato em contato com hidreto de cálcio.

Destilar sob pressão reduzida, utilizando bomba de vácuo, conforme técnica descrita na página 4.

Estocar o destilado em frasco de vidro âmbar.

Experimento 2: Tratamento de nitrobenzeno

Destilar o nitrobenzeno sob pressão reduzida.

Armazenar o destilado em frasco de vidro âmbar, contendo peneira molecular 4A.

Experimento 3: Tratamento de dimetilformamida

Deixar a dimetilformamida em contato com pentóxido de fósforo por 3 horas, sob agitação.

Destilar sob pressão reduzida, utilizando bomba de vácuo, conforme técnica descrita na página 4.

Armazenar o destilado em frasco de vidro âmbar, contendo peneira molecular 3A.

Destilação por arraste a vapor

Experimento 1: Obtenção de óleo essencial de cravo-da-índia

Este experimento está descrito na página 29.

Experimento 2: Obtenção de óleo essencial de hortelã

Este experimento está descrito na página 28.

Extração

Noções gerais

Extração é o processo de separação do componente sólido ou líquido de uma mistura, utilizando um solvente. Trata-se de uma técnica muito utilizada em síntese orgânica para a separação de produtos de reação, os quais no processo de elaboração das reações, frequentemente, se encontram em soluções ou suspensões aquosas, juntamente com subprodutos e restos de reagentes orgânicos e inorgânicos. A técnica também é bastante aplicada no isolamento de constituintes químicos de produtos naturais e nos processos de preparação de amostras de medicamentos para análises de controle de qualidade.

A extração fundamenta-se no fato de que as substâncias orgânicas são, em geral, solúveis em solventes orgânicos e muito pouco solúveis em água. Ao adicionar um solvente a uma mistura aquosa contendo a substância a ser extraída, formam-se duas fases. Após agitação, a maior parte da substância a extrair passa da fase aquosa para a fase orgânica (o solvente). Em seguida, é feita a separação das fases e o solvente da fase orgânica é separado da substância extraída por destilação à pressão reduzida. O solvente extrator deve ser imiscível em água e não pode reagir com a substância a ser separada. Numa extração, todas as substâncias solúveis em água, tais como sais de ácidos minerais, bases alcalinas, alguns sais orgânicos, álcoois metílico e etílico, ácido acético e outros, permanecem na fase aquosa; apenas as substâncias orgânicas pouco solúveis em água passam para a fase orgânica.

O processo de extração é, portanto, governado pela Lei de Distribuição ou Lei de Partição, que estabelece que se uma substância for adicionada a uma mistura de dois líquidos não miscíveis ou ligeiramente miscíveis, ela se distribui entre as camadas de modo que a razão de sua concentração em um solvente para a sua concentração no outro solvente permanece constante a uma determinada temperatura. A razão entre as concentrações é denominada coeficiente de partição ou de distribuição. Portanto, quando uma substância sofre partição entre um solvente extrator (fase orgânica) e a água, o coeficiente de partição pode ser representado por:

$$P = \frac{C_o}{C_A}$$

em que,
P = coeficiente de partição;
C_o = concentração da substância no solvente extrator;
C_A = concentração da substância na água.

Para uma aproximação, pode-se considerar o coeficiente de partição de uma substância igual à razão de sua solubilidade nos dois solventes. Por exemplo, a solubilidade da cafeína na água é 2,2 g/100 g e no clorofórmio é 13,2 g/100 g. Adicionando-se 100 g de clorofórmio a uma mistura de 2,2 g de cafeína em 100 g de água, a redistribuição da cafeína nos dois solventes será proporcional à sua solubilidade nos mesmos:

$$P = \frac{13,2}{2,2} = 6$$

Isso significa que haverá seis vezes mais cafeína na fase orgânica (clorofórmio) do que na fase aquosa.

Qualquer substância cujo coeficiente de partição seja maior que 1 pode ser extraída eficientemente da fase aquosa. A extração é mais eficiente quando se divide o solvente extrator em diversas porções, realizando a extração em várias etapas em vez de realizá-la em uma única etapa com o volume total de solvente utilizado nas várias extrações individuais. Como exemplo, consideremos a extração de uma substância num sistema água/éter, em que o coeficiente de partição seja 5. Supondo que 5 g da substância presentes em 500 mL de água foram extraídos com 150 mL de éter etílico por três vezes, a quantidade de substância obtida em cada etapa da extração pode ser calculada pelas equações abaixo, em que: P = coeficiente de partição da substância hipotética ($P = 5$); C_E = concentração da substância na fase etérea; C_A = concentração da substância na fase aquosa; x_1, x_2 e x_3 = massa de substância extraída pelo éter nas etapas 1, 2 e 3, respectivamente.

Primeira etapa:

$$5 = P = \frac{C_E}{C_A} = \frac{\dfrac{x_1}{150 \text{ mL}}}{\dfrac{5 \text{ g} - x_1}{500 \text{ mL}}} = \frac{500x_1}{750 - 150x_1}$$

$$x_1 = 3g$$

Segunda etapa:

$$5 = P = \frac{C_E}{C_A} = \frac{\dfrac{x_2}{150 \text{ mL}}}{\dfrac{2 \text{ g} - x_2}{500 \text{ mL}}} = \frac{500x_2}{300 - 150x_2}$$

$$x_2 = 1,2g$$

Terceira etapa:

$$5 = P = \frac{C_E}{C_A} = \frac{\dfrac{x_3}{150 \text{ mL}}}{\dfrac{0,8 \text{ g} - x_3}{500 \text{ mL}}} = \frac{500x_3}{120 - 150x_3}$$

$$x_3 = 0,48 \text{ g}$$

A quantidade total da substância extraída nas três etapas é:

$$x_1 + x_2 + x_3 = 3,0 \text{ g} + 1,2 \text{ g} + 0,48 \text{ g} = 4,68 \text{ g}$$

Logo, a quantidade de substância remanescente na fase aquosa é:

$$5 \text{ g} - 4,68 \text{ g} = 0,32 \text{ g}$$

Por outro lado, se a extração fosse realizada em uma única etapa, com o volume total de solvente utilizado nas três extrações parciais (450 mL), a quantidade de substância extraída seria menor, como demonstrado a seguir:

$$5 = P = \frac{C_E}{C_A} = \frac{\dfrac{x}{450 \text{ mL}}}{\dfrac{5g - x}{500 \text{ mL}}} = \frac{500x}{2250 - 450x} = 4,09 \text{ g}$$

De maneira geral, a quantidade de soluto remanescente na fase aquosa original é obtida pela equação:

$$\frac{C_{A,\text{final}}}{C_{A,\text{inicial}}} = \left(\frac{V_2}{V_2 + V_1 K}\right)^n$$

em que:
V_1 = volume de solvente usado em cada extração;
V_2 = volume da fase aquosa;
n = número de extrações;
K = coeficiente de distribuição.

Técnica

Transferir a mistura aquosa contendo a substância a ser extraída para um funil de separação, verificando antes se não há vazamentos na torneira e na tampa do funil.

Adicionar o solvente extrator (aproximadamente 1/3 do volume da mistura aquosa).

Segurar o funil de modo invertido (haste para cima e tampa para baixo). Abrir e fechar a torneira do funil para retirar os vapores liberados, diminuindo, assim, a pressão interna.

Agitar vigorosamente o funil várias vezes, abrindo e fechando a torneira nos intervalos entre cada agitação, mantendo a tampa do funil fechada e pressionada contra a palma da mão.

Colocar o funil em um aro de metal e deixar em repouso até a separação das duas fases. Retirar a tampa do funil de separação e separar as fases, seguindo estas observações:

- Para um solvente extrator menos denso do que a água, retirar primeiramente a fase aquosa, colocando-a em um erlenmeyer e, em seguida, transferir a fase orgânica para outro erlenmeyer. Retornar a fase aquosa para o funil de separação para a continuação do processo de extração.
- Para um solvente mais denso do que a água, retirar primeiramente a fase orgânica, transferindo-a para um erlenmeyer. Deixar a fase aquosa no funil de separação para o prosseguimento da extração.
- Extrair a fase aquosa original com pelo menos mais duas porções de solvente extrator. Reunir os extratos orgânicos e lavar com água destilada ou solução diluída de ácido ou base, conforme for o caso.
- Secar a fase orgânica, adicionando sulfato de sódio anidro e deixando-o em contato com a mistura por 10 minutos.

- Filtrar a fase orgânica e evaporar o solvente em evaporador rotatório. Se a substância extraída for sólida, recristalizar, secar, pesar e determinar o ponto de fusão.

Extração utilizando a variação do pH do meio (extração ácido-base)

A solubilidade das substâncias e seu comportamento em um processo de purificação dependem de sua natureza química. A maioria dos fármacos possui natureza fracamente ácida ou fracamente básica, portanto, controlando-se o pH do meio pela adição de ácidos ou bases, as substâncias podem ser transformadas em sais, como exemplificado nas equações a seguir:

$$RCOOH + NaOH \rightarrow RCOO^-Na^+ + H_2O$$

$$RNH_2 + HCl \rightarrow RNH_3^+Cl^-$$

A substância, ao ser transformada em sal, deixa de ser solúvel no solvente orgânico e torna-se solúvel na fase aquosa, podendo, então, ser separada de outras substâncias solúveis na fase orgânica. A Figura 1.9 apresenta o esquema de um processo geral de extração ácido-base e a Tabela 1.1 apresenta a natureza química dos grupos funcionais comumente encontrados em fármacos.

Técnica

A técnica de extração usando a variação do pH do meio é a mesma utilizada para a extração sem mudança do pH, incluindo-se apenas as etapas de alcalinização ou acidificação com posterior neutralização do meio. O processo é realizado de acordo com a sequência indicada a seguir:

1. Transferir a fase aquosa contendo a substância a ser extraída para um funil de separação. Se a substância a ser extraída for de natureza ácida, alcalinizar o meio com solução de hidróxido de sódio, carbonato de sódio ou bicarbonato de sódio a 5%. Se a substância apresentar caráter básico, acidificar o meio com solução de ácido clorídrico a 5%.
2. Extrair as substâncias neutras com solvente orgânico conforme a técnica descrita na página 12.
3. Neutralizar a fase aquosa com ácido ou base, conforme tenha sido feita alcalinização ou acidificação do meio.
4. Extrair a fase aquosa com solvente orgânico conforme técnica descrita na página 12.

Precaução a ser tomada

A adição de carbonato ou de bicarbonato de sódio deve ser feita com cautela, pois há desprendimento de gás carbônico nas reações dessas substâncias com o ácido, o que pode causar aumento de pressão dentro do funil de separação.

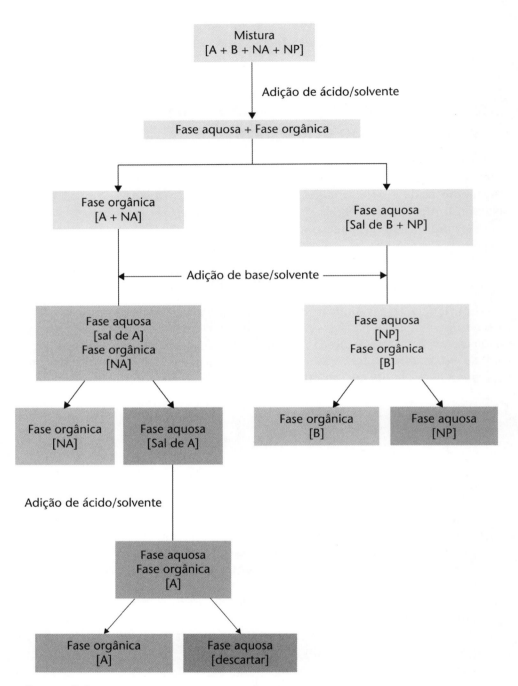

Figura 1.9 Esquema de separação de misturas complexas baseada na acidez ou na basicidade e solubilidade das substâncias. (A = substância ácida, B = substância básica, NA = substância neutra apolar, NP = substância neutra polar).

Tabela 1.1 Natureza química de alguns grupos funcionais mais encontrados em fármacos

CATEGORIA	FUNÇÃO QUÍMICA	EXEMPLO
NEUTRO	ÁLCOOIS R-OH	Estigmasterol
	AMIDAS	Acetanilida
	ÉSTERES	Benzoato de benzila
ÁCIDO	ÁCIDOS CARBOXÍLICOS	Ácido acetilsalicílico
ÁCIDO FRACO A ÁCIDO	IMIDAS	Fenitoína
ÁCIDO FRACO	FENOL Ar-OH	Paracetamol
	β-DICETONAS	3,5-pirazolidinodiona

(continua)

Tabela 1.1 Natureza química de alguns grupos funcionais mais encontrados em fármacos (continuação)

	SULFONAMIDAS	
	R—S—NH₂ e R—S—NHR' (estrutura química das sulfonamidas)	(estrutura química) Clopropamida
BASE	AMINAS R-NH₂, R₂NH E R₃N	(estrutura química) Mexiletina
BASE FRACA	AMINAS AROMÁTICAS Ar-NH₂, ArNHR e ArNR₂	(estrutura química) Procaína
	IMINAS (estrutura química da imina)	(estrutura química) Medazepam

Parte experimental

Experimento 1: Extração de óleos essenciais de misturas aquosas obtidas por meio de destilação por arraste a vapor (exemplos da obtenção das misturas são apresentados nas páginas 28 e 29)

Transferir 150 mL da mistura obtida da destilação por arraste a vapor para um funil de separação de 250 mL. Extrair com quatro porções de 50 mL de diclorometano, conforme a técnica descrita para a extração simples. Reunir os extratos orgânicos e secar com sulfato de sódio. Filtrar e evaporar o solvente em rotavapor. Transferir quantitativamente o líquido obtido para um frasco pesado previamente. Evaporar espontaneamente o solvente residual e obter a massa do material obtido.

Experimento 2: Extração de propranolol de comprimidos de cloridrato de propranolol (extração com variação do pH do meio)

Triturar 5 comprimidos de cloridrato de propranolol de 80 mg em um gral de porcelana. Transferir o material pulverizado para um béquer de 100 mL, adicionar 20 mL de água destilada e agitar com bastão de vidro. Filtrar, recolhendo o filtrado em um funil de separação de 125 mL. Adicionar 10 mL de solução de NaOH 2 mol/L ao funil de separação e agitar vigorosamente. Extrair, em seguida, o propranolol com três porções de 20 mL de diclorometano, conforme a técnica descrita na página 13. Reunir os extratos orgânicos e lavar com duas porções de 30 mL de água destilada. Secar a fase orgânica, deixando-a em contato com sulfato de sódio por 10 minutos e filtrar em seguida. Evaporar o solvente da fase orgânica em evaporador rotatório. Transferir quantitativamente o material obtido para frasco pesado previamente. Deixar o solvente residual evaporar espontaneamente e obter a massa do material obtido na extração.

Experimento 3: Separação dos componentes de uma mistura de fármacos (com variação do pH do meio)

Pesar 3 g de uma mistura contendo ácido acetilsalicílico, sacarose e acetanilida. Transferir para um béquer de 200 mL e adicionar 50 mL de diclorometano. Agitar vigorosamente com bastão de vidro. Filtrar a mistura a vácuo. Recolher o resíduo constituído de sacarose e pesá-lo após a secagem. Transferir o filtrado para um funil de separação e extrair com três porções de solução de hidróxido de sódio 1 mol/L, reunindo os extratos aquosos. Secar a fase orgânica com sulfato de sódio, filtrar e, em seguida, evaporar o diclorometano, separando-o da acetanilida. Adicionar solução de ácido clorídrico 6 mol/L ao extrato aquoso até atingir pH 2 ou menos. Filtrar, recolhendo o ácido acetilsalicílico precipitado na mistura aquosa. Após a secagem, pesar o ácido acetilsalicílico extraído.

Comentários: Neste experimento, é feita a separação dos componentes de uma mistura que simula uma preparação farmacêutica contendo ácido acetilsalicílico, acetanilida e sacarose. A separação é baseada na solubilidade e nas propriedades ácido-base das substâncias, as quais apresentam as seguintes características: a sacarose é insolúvel em diclorometano e solúvel em água. O ácido acetilsalicílico é solúvel em diclorometano e relativamente insolúvel em água. Ao reagir com o hidróxido de sódio, ele forma o acetilsalicilato de sódio, que é insolúvel em diclorometano, mas solúvel em água. A acetanilida, como o ácido acetilsalicílico, é solúvel em diclorometano, porém não pode ser convertida em sal pelo hidróxido de sódio por apresentar caráter neutro.

Sublimação

Noções gerais

A sublimação consiste na passagem direta de uma substância do estado sólido para o estado gasoso sem passar pela fase líquida intermediária. Exemplos de substâncias que sublimam são o iodo e o dióxido de carbono. Para que ocorra sublimação, são necessárias duas condições: a pressão de vapor do sólido deve se igualar à pressão sobre ele e a sua temperatura deve permanecer abaixo de seu ponto de fusão. Podem ser purificados por esse processo sólidos que possuem pressão de vapor apreciável abaixo de seu ponto de fusão.

No processo de sublimação, os vapores formados escapam do sólido e se solidificam sobre uma superfície fria, separando-se das impurezas, que não sofrem sublimação. O método é menos seletivo do que a cristalização e a cromatografia, mas apresenta as vantagens de não necessitar do uso de solventes e de propiciar menos perdas por transferências de material.

O número de substâncias orgânicas que sublimam à pressão normal é pequeno e inclui o antraceno, o ácido benzoico, o hexacloroetano, a cânfora e as quinonas. Entretanto, muitas substâncias que não sublimam à pressão normal sublimam à pressão reduzida, podendo, portanto, ser purificadas por esse processo. O uso de pressão reduzida diminui a decomposição da substância e evita a fusão da mesma durante a sublimação.

Técnica

Existem aparelhos de sublimação disponíveis comercialmente (Fig. 1.10), porém, uma aparelhagem simples como mostrada na Figura 1.11 pode ser montada no laboratório.

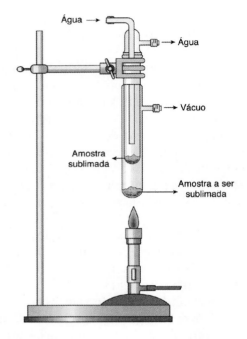

FIGURA 1.10 Aparelho de sublimação comercial.

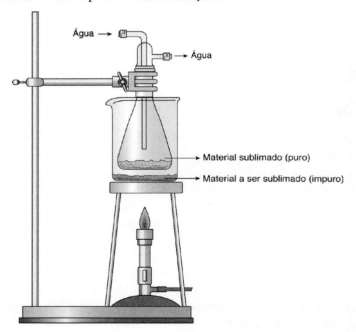

FIGURA 1.11 Aparelho de sublimação que pode ser improvisado com materiais simples de laboratório.

Sublimação à pressão normal

Fazer uma montagem como a mostrada na Figura 1.11, seguindo esta sequência:

1. Colocar o sólido a ser sublimado dentro de um béquer de 250 mL.
2. Adaptar um erlenmeyer de 125 mL, contendo gelo ou água gelada, dentro do béquer de 250 mL. O erlenmeyer deve ser preso com uma garra de tal maneira que o espaço entre ele e o fundo do béquer seja de 1-2 cm.
3. Aquecer suavemente o béquer em banho de óleo ou de areia. Se o sólido começar a fundir, retirar a fonte de aquecimento por alguns instantes.
4. Após a sublimação se completar, retirar cuidadosamente o erlenmeyer e, em seguida, transferir os cristais aderidos a ele para um frasco já pesado e determinar a massa do material obtido.
5. Determinar o ponto de fusão da substância.

Parte experimental

Experimento 1: Sublimação da cânfora

Realizar a sublimação de uma amostra de cânfora seguindo a técnica de sublimação à pressão normal descrita na página 18.

Experimento 2: Sublimação da cafeína

Pesar cerca de 30 mg da cafeína obtida da extração do chá (página 31). Realizar a sublimação a vácuo, usando a aparelhagem mostrada na Figura 1.10. Aquecer o sistema a 180-185 ºC em banho de areia, não mais que isso para evitar a fusão ou a decomposição da cafeína. Parar o aquecimento quando o resíduo da amostra se tornar verde-escuro e não se observar mais a deposição de cafeína no tubo coletor.

Cristalização

Noções gerais

Substâncias sólidas contaminadas com pequenas quantidades de impureza geralmente são purificadas por cristalização com um solvente apropriado ou com uma mistura de solventes. O processo baseia-se na diferença de solubilidade do sólido no solvente quente e frio. O sólido a ser purificado deve se dissolver totalmente no solvente quente e ser insolúvel no solvente à temperatura ambiente, assim, ao resfriar a solução, o sólido se recristaliza e é separado por filtração. O método é composto, portanto, das seguintes etapas:

1. Dissolução do sólido a ser purificado em um solvente ou em uma mistura de solventes apropriados no ponto, ou próximo do ponto, de ebulição do solvente. O solvente apropriado é aquele em que o coeficiente de solubilidade do sólido é grande quando ele está quente e pequeno quando ele está frio. Os solventes mais utilizados são: éter etílico, hexano, etanol, metanol, acetona, clorofórmio, diclorometano, acetato de etila e água. Quando se tratar de substâncias muito solúveis em um solvente e pouco solúveis em outro, podem-se obter bons resultados utilizando uma mistura dos dois solventes, caso eles sejam miscíveis.

2. Descoloração: impurezas coloridas podem ser eliminadas pela adição de uma pequena quantidade de carvão ativado, que adsorve substâncias coloridas.
3. Filtração da solução quente para a retirada das impurezas insolúveis em temperaturas elevadas.
4. Resfriamento da solução para permitir a recristalização da substância dissolvida. O tamanho dos cristais formados depende do tempo de resfriamento da solução: um resfriamento lento leva à formação de cristais maiores, com formas bem definidas.
5. Separação dos cristais por filtração a vácuo.

Técnica

Pesar a substância a ser recristalizada e transferir para um béquer de 100 mL. Adicionar volume adequado do solvente escolhido para a cristalização. Aquecer em chapa de aquecimento até atingir o ponto de ebulição da mistura. Se a solução estiver colorida, retirar do aquecimento, deixar esfriar um pouco e adicionar aproximadamente 0,5 g de carvão ativado. Aquecer novamente a mistura, deixando em ebulição por alguns minutos. Filtrar ainda quente em papel de filtro pregueado, sustentado num funil de haste curta. A solução deve ser filtrada rapidamente antes de sofrer resfriamento para que a substância não se cristalize no funil; caso isso aconteça, o sólido deve ser retirado com espátula e ser novamente dissolvido a quente.

Recolher o filtrado em um béquer de 200 mL, cobrindo-o com vidro de relógio e deixar em repouso para que ocorra a cristalização. Filtrar a mistura a vácuo em um funil de Büchner, lavando os cristais duas vezes com porções do solvente usado na cristalização. Com uma espátula, transferir os cristais para um vidro de relógio e colocar em dessecador para a secagem do sólido.

Pesar o material cristalizado e calcular o rendimento da cristalização. Determinar o ponto de fusão e compará-lo com o ponto de fusão da substância antes da cristalização.

Parte experimental

Experimento

Purificar por cristalização uma das seguintes substâncias, seguindo a técnica descrita no item anterior, com os solventes indicados abaixo.

- Acetanilida: cristalizar em mistura de água/etanol 1:1.
- Benzocaína: cristalizar em mistura de etanol/água 4:8.
- Ácido 4-clorofenoxiisobutírico: cristalizar em água.
- Sacarina: cristalizar em água.
- Ácido acetilsalicílico: cristalizar em mistura de etanol/água 1:5.
- Paracetamol: cristalizar em água.
- Benzanilida: cristalizar em etanol ou em metanol.
- Lapachol: cristalizar em etanol.
- Propranolol: cristalizar em cicloexano.

Métodos cromatográficos

Noções gerais

A cromatografia é uma das técnicas mais versáteis para a separação de misturas complexas de substâncias. A técnica foi usada, inicialmente, para a separação de substâncias coloridas, de onde adveio sua denominação. O desenvolvimento do método, a partir de 1930, tornou possível sua utilização também para a separação de substâncias incolores. O método baseia-se na migração diferencial das substâncias em um sistema cromatográfico, constituído pela mistura a ser separada, pela fase móvel e pela fase estacionária. A fase móvel é composta de um gás ou um líquido, os quais arrastam a amostra através da fase estacionária, sendo esta constituída de um sólido ou um filme líquido suportado em um sólido. Considerando-se o mecanismo de separação por processos físicos, os métodos cromatográficos podem ser de adsorção ou de partição.

Métodos cromatográficos de adsorção

Neste processo, a fase estacionária é constituída por um sólido finamente dividido e a fase móvel, por um líquido. A separação dos componentes da mistura analisada depende do equilíbrio de adsorção-desorção entre as substâncias adsorvidas na superfície estacionária sólida e a fase móvel líquida. A força de adsorção das substâncias a serem separadas depende da polaridade das moléculas, da atividade do adsorvente e da polaridade da fase móvel. As substâncias pouco polares são adsorvidas menos fortemente, permanecendo menos tempo na fase estacionária e necessitando, portanto, de menor quantidade de solvente para percorrer a fase estacionária do que as substâncias mais polares. A Tabela 1.2 apresenta as classes de substâncias orgânicas em ordem de eluição num sistema cromatográfico por adsorção. A ordem apresentada pode variar se houver grupos funcionais protegidos ou impedimento estérico nas moléculas.

Tabela 1.2 Sequência de eluição de substâncias orgânicas

CLASSES QUÍMICAS	ORDEM GERAL DE ELUIÇÃO
Hidrocarbonetos	
Olefinas	
Éteres	
Substâncias halogenadas	
Aromáticos	↓
Cetonas	
Aldeídos	
Ésteres	
Álcoois, aminas e mercapatanas	
Ácidos e bases fracas	

A atividade do adsorvente, ou seja, seu poder de adsorção, varia de acordo com o tipo de material e o modo de preparação do mesmo. A escolha do adsorvente adequado depende da natureza das substâncias a serem cromatografadas. A celulose é indicada para substâncias pouco ativas. O silicato de magnésio é indicado para a separação de açúcares, substâncias acetiladas, esteroides e óleos essenciais. A sílica é adequada para a separação de ácidos e ésteres, enquanto o florisil pode ser usado para a maior parte dos grupos funcionais, incluindo os derivados de ácidos carboxílicos e aminas. A alumina (óxido de alumínio) é encontrada nas formas ácida, usada para separar materiais ácidos como ácidos carboxílicos e aminoácidos; na forma básica, adequada para a separação de substâncias básicas, como as aminas, e na forma neutra, usada na separação de materiais neutros.

A polaridade do sistema de eluentes deve ser aumentada lentamente com o aumento da concentração do solvente mais polar, sendo que em alguns casos pode-se usar um único solvente para a eluição do sistema cromatográfico. Os solventes comumente usados como eluentes estão listados na Tabela 1.3, em ordem crescente de polaridade.

Tabela 1.3 Ordem crescente de polaridade dos solventes utilizados em sistemas cromatográficos

SOLVENTE	ORDEM CRESCENTE DE POLARIDADE
Éter de petróleo	
Cicloexano	
Tetracloreto de carbono	
Diclorometano	
Clorofórmio	
Éter etílico	
Acetato de etila	
Piridina	
Acetona	
Propanol-1	
Etanol	
Metanol	
Água	
Ácido acético	

Métodos cromatográficos de partição

Neste método cromatográfico, a fase estacionária sólida é revestida de um líquido que não dissolve as partículas sólidas. Pode-se aplicar, por exemplo, água, etilenoglicol ou ácidos carboxílicos de pequena massa molecular a um suporte sólido. A fase estacionária, neste caso, é constituída pelo líquido e não pelo suporte sólido. Outro exemplo é o sistema água/metanol, no qual os dois solventes podem se ligar tão firmemente à superfície sólida polar que eles permanecem no suporte sólido. As substâncias a serem separadas se dividem entre a fase estacionária líquida e o eluente de maneira análoga à que ocorre a um soluto que sofre partição entre dois solventes no processo de extração.

Tipos de cromatografia

As técnicas cromatográficas mais aplicadas na separação de substâncias orgânicas são: cromatografia em camada delgada (CCD), cromatografia em coluna (CC), cromatografia líquida de alta eficiência (CLAE) e cromatografia gasosa (CG).

Cromatografia em camada delgada (CCD)

A cromatografia em camada delgada é uma das técnicas analíticas mais utilizadas por ser simples, rápida, sensível, de baixo custo e requerer somente miligramas de amostra. O método é usado para determinar o número de componentes de uma mistura, verificar a identidade de substâncias e acompanhar o curso de reações químicas.

A técnica é realizada em placas que contêm em uma das superfícies um material adsorvente, que constitui a fase estacionária. Os adsorventes são aplicados na forma de suspensão em água, manualmente ou com espalhadores encontrados comercialmente — os mais utilizados são a sílica gel (SiO_2 x H_2O) e o óxido de alumínio (alumina) (Al_2O_3). As amostras são aplicadas com tubos capilares em uma das extremidades da placa, que é, em seguida, colocada em uma cuba contendo solvente, denominado eluente. Ao se deslocar pela placa cromatográfica, o eluente arrasta os constituintes da amostra a diferentes alturas da placa, de acordo com a polaridade das substâncias presentes na mistura. As substâncias menos polares se deslocam mais rapidamente pela placa do que as mais polares. O deslocamento de uma substância na placa cromatográfica é expresso como valor de R_f, do inglês, *ratio to the front*, que é a relação entre a distância percorrida pela substância e a distância percorrida pelo eluente na placa. A visualização das substâncias é conseguida pela revelação das placas por métodos físicos, químicos e até mesmo biológicos, com a utilização de reações enzimáticas.

Parte experimental

Experimento 1: Cromatografia de analgésicos

Aplicar em placas cromatográficas de sílica gel com indicador fluoresceína as seguintes substâncias dissolvidas em diclorometano: padrões dos analgésicos paracetamol e ácido acetilsalicílico, padrão de cafeína e duas amostras contendo ácido acetilsalicílico, paracetamol e cafeína.

Colocar a cromatoplaca em uma cuba de vidro e eluir a mesma com a seguinte mistura de solventes: acetato de etila, etanol e ácido acético (25:1:1).

Revelar a cromatoplaca em câmara de luz ultravioleta, usando comprimento de onda curto.

Comparar os cromatogramas das substâncias, calcular os R_f de todas as manchas e identificar as substâncias presentes nas duas amostras não identificadas.

Experimento 2: Cromatografia de substâncias obtidas de fonte natural

Dissolver pequena quantidade de lapachol, eugenol e óleo de hortelã em diclorometano.

Aplicar as amostras em cromatoplacas de sílica gel e fazer a eluição das mesmas com os seguintes solventes: placa de lapachol: diclorometano; placa de eugenol: mistura de hexano/diclorometano 3:7; placa de óleo de hortelã: diclorometano.

Revelar os cromatogramas em cuba de vidro contendo iodo.

Cromatografia em coluna (CC)

O sistema de cromatografia em coluna é constituído de um cilindro de vidro recheado com um sólido (fase estacionária) e uma fase móvel líquida. A fase estacionária é sustentada no interior da coluna por um chumaço de lã de vidro ou de algodão, ou ainda por uma placa porosa de vidro ou de teflon. A quantidade de sólido da fase estacionária e o tamanho da coluna dependem do tipo de separação que se deseja realizar e da quantidade do material a ser cromatografado. Para uma separação eficiente, geralmente são utilizados 20 g de adsorvente por 1 g de material a ser separado. Os adsorventes mais utilizados são a sílica gel e a alumina.

Parte experimental

Escolher a coluna adequada para a quantidade de material a ser cromatografado, tomando como base a fórmula para o cálculo do volume do cilindro ($\pi r^2 h$). Por exemplo, para a alumina, que tem densidade de aproximadamente $1 g \times cm^{-3}$, 20 g de adsorvente devem ocupar 11 cm de altura numa coluna de 1,5 cm de diâmetro. Para a mesma quantidade de sílica gel, que tem densidade de aproximadamente $0,3 g \times cm^{-3}$, é necessário o uso de uma coluna de diâmetro maior para obter a altura de 11 cm de adsorvente.

Experimento 1: Purificação do eugenol (presente no óleo obtido da extração do cravo-da-índia)

Fazer o empacotamento da coluna com sílica misturada a hexano.

Incorporar o extrato do cravo-da-índia em uma pequena quantidade de sílica e colocar no topo da coluna.

Proteger o material com chumaço de algodão para não haver perturbação do mesmo durante a adição do solvente.

Eluir a coluna cromatográfica com hexano e diclorometano em mistura de polaridades crescentes.

Recolher as frações em um erlenmeyer e analisá-las em placas cromatográficas de sílica gel, eluídas com mistura de hexano/diclorometano (40:60) e reveladas com iodo.

Reunir as frações semelhantes e, a partir da comparação com o padrão de eugenol, selecionar as frações que contêm o eugenol mais purificado, para análise posterior em cromatógrafo a gás.

Experimento 2: Purificação do clofibrato (obtido por síntese química)

Montar a coluna cromatográfica de sílica gel, utilizando hexano como eluente.

Adicionar o clofibrato, obtido da elaboração do material de reação, no topo da coluna cromatográfica com o auxílio de uma pipeta. (O topo da coluna deve conter somente a quantidade mínima de solvente necessária para que a coluna não seque.)

Proteger o material colocado na coluna com um chumaço de algodão para não haver perturbação do mesmo durante a adição do solvente.

Eluir a coluna cromatográfica com hexano.

Recolher as frações em um erlenmeyer e analisá-las em placas cromatográficas de sílica gel, eluídas com hexano/diclorometano (50%) e reveladas com iodo.

Reunir as frações semelhantes e, a partir da comparação com o padrão de clofibrato, selecionar as frações que contêm o clofibrato mais purificado, para análise posterior em cromatógrafo a gás.

Cromatografia líquida de alta eficiência (CLAE)

Noções gerais

A separação e a análise de amostras por cromatografia líquida de alta eficiência são realizadas em poucos minutos. A técnica baseia-se nos mesmos princípios de outras técnicas de cromatografia líquida, porém, em decorrência da redução no tamanho das partículas da fase estacionária, ela possibilita a detecção de substâncias presentes em baixas concentrações e uma separação mais eficiente. Enquanto em outros métodos são utilizadas partículas de diâmetros que variam entre 75-175 μm, as colunas de CLAE são empacotadas com partículas de diâmetro na faixa de 3-10 μm. Tais dimensões dificultam a passagem do solvente pela coluna, o que exige a utilização de pressão (na ordem de 400 atm) para forçar a passagem do solvente através das diminutas partículas.

O aparelho de cromatografia líquida de alta eficiência consiste de uma coluna, uma válvula de injeção da amostra, um reservatório de solvente, uma bomba de ar, um detector e um registrador ou computador. Para a análise de amostras de 0,1-1 mg, são utilizadas colunas de 5 m a 30 m de comprimento e de 1 mm a 5 mm de diâmetro. As colunas preparativas possuem de 5 m a 50 m de comprimento e diâmetro interno de 2,5 cm a 5 cm. Algumas colunas utilizam, como fase estacionária, sílica gel ou alumina, que são mais polares do que o eluente, o que faz com que os componentes apolares sejam eluídos mais rapidamente do que os polares. Essas colunas são chamadas de fase normal, sendo que algumas têm sua polaridade aumentada pela introdução de grupos polares, como $-(CH_2)_3NH_2$ ou $-(CH_2)_3CN$ às partículas de sílica gel. As colunas de CLAE mais modernas contêm uma fase líquida covalente ligada quimicamente às partículas de sílica gel, sendo a separação, neste caso, feita por partição. Nessa situação, o solvente é mais polar do que a fase estacionária e, consequentemente, os constituintes mais polares são eluídos mais rapidamente e a coluna é dita ser de fase reversa. Os solventes utilizados na CLAE devem apresentar alto grau de pureza, pois as impurezas podem danificar a coluna através da adsorção irreversível à fase sólida. Os detectores da CLAE apresentam alta sensibilidade, geralmente na ordem de micrograma a nanograma. Os dois tipos mais utilizados são os detectores de ultravioleta e o refratômetro.

Parte experimental

Experimento: Análise de ácido acetilsalicílico e cafeína em comprimidos

1. **Preparação da fase móvel**
   Preparar uma solução tampão de fosfato (0,025 mol/L, pH 7,0) dissolvendo quantidades apropriadas de Na_2HPO_4 e NaH_2PO_4 em água Milli-Q, ajustando o pH. Misturar a solução tampão com metanol grau HPLC na proporção 60:40 (v/v).

2. **Preparação dos padrões da curva de calibração**
   Solução estoque de ácido acetilsalicílico (17,2 mg/mL)
   Em um balão volumétrico de 25 mL, dissolver 0,43 g do padrão de ácido acetilsalicílico em metanol grau HPLC, completando o volume com o mesmo solvente.
   Solução estoque de cafeína (4,7 mg/mL)
   Em um balão volumétrico de 25 mL, dissolver 0,1172 g do padrão de cafeína em metanol grau HPLC, completando o volume com o mesmo solvente.
   Soluções padrões de ácido acetilsalicílico e de cafeína
   Fazer diluições de 1:20 das soluções estoques. Tomar alíquotas de 200, 400, 600, 800 e 1.000 μL e completar o volume para 1.000 μL com a fase móvel.

3. **Preparação da amostra**
   Triturar um comprimido que contenha as substâncias a serem analisadas (por exemplo, comprimido de Melhoral). Adicionar 5 mL de metanol e filtrar a

suspensão, recolhendo o filtrado em um balão volumétrico de 10 mL. Completar o volume com metanol grau HPLC.

4. **Injeção das amostras e dos padrões**
   Injetar as amostras e os padrões no aparelho de CLAE, nas seguintes condições:

   Coluna ODS-C_{18}
   Fluxo: 1 mL/min
   Detector: UV-VIS 254 nm
   Fase móvel: mistura de tampão pH 7,0/metanol (60:40)

Cromatografia gasosa (CG)

Noções gerais

A cromatografia gasosa é utilizada para a separação e a quantificação de substâncias gasosas ou voláteis, podendo ser usada também para a identificação quando acoplada a espectrômetro de massas. A técnica é muito utilizada por apresentar alta sensibilidade: pode-se detectar cerca de 10^{-12} g, dependendo do tipo de substância analisada e do detector utilizado.

O método baseia-se na diferença de distribuição das substâncias da amostra entre uma fase estacionária sólida ou líquida e uma fase móvel gasosa. A amostra é injetada na coluna que contém a fase estacionária, sendo, em seguida, vaporizada com temperaturas adequadas. Uma corrente de gás, que passa continuamente pela coluna, arrasta as substâncias presentes na amostra, que são retidas por tempos diferentes na coluna, de acordo com suas propriedades. As diferentes substâncias são assim separadas: elas chegam em tempos diferentes à saída da coluna, de onde vão para um detector que gera um sinal para o registrador. Os gases mais usados como fases móveis são: o nitrogênio, hélio, hidrogênio e argônio. A fase estacionária líquida consiste de um líquido pouco volátil, que recobre um suporte sólido. As fases estacionárias sólidas mais usadas são: polímeros porosos, carvão grafitizado, sílica gel e alumina.

Parte experimental

Experimento 1: Análise do óleo de hortelã

Injetar o óleo de hortelã, obtido na destilação por arraste a vapor (página 28), no cromatógrafo a gás acoplado à espectrometria de massas, de acordo com as seguintes condições:

Coluna: DB-1
Temperatura: 60 °C por 4 minutos, razão de 20 °C/minuto até 320 °C
Injetor: 250 °C
Detector: 230 °C
Vazão do gás de arraste: 1,8
Tempo: 17 minutos
Varredura de massa: 45 a 500 um

O cromatograma do óleo de hortelã, obtido por alunos em aula prática, está representado na figura a seguir.

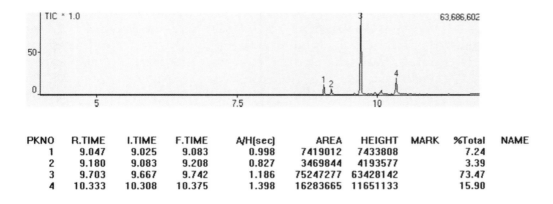

PKNO	R.TIME	I.TIME	F.TIME	A/H(sec)	AREA	HEIGHT	MARK	%Total	NAME
1	9.047	9.025	9.083	0.998	7419012	7433808		7.24	
2	9.180	9.083	9.208	0.827	3469844	4193577		3.39	
3	9.703	9.667	9.742	1.186	75247277	63428142		73.47	
4	10.333	10.308	10.375	1.398	16283665	11651133		15.90	

FIGURA 1.12 Cromatograma do óleo de hortelã.

Experimento 2: Análise do óleo de cravo-da-índia

Injetar o óleo de cravo-da-índia obtido na técnica descrita na página 29, no cromatógrafo a gás acoplado à espectrometria de massas, observando as seguintes condições:

Coluna: DB-1
Temperatura: 60 °C por 4 minutos, razão de 20 °C/minuto até 320 °C
Injetor: 250 °C
Detector: 230 °C
Vazão do gás de arraste: 1,8
Tempo: 17 minutos
Varredura de massa: 45 a 500 um

O cromatograma do óleo de cravo-da-índia, obtido por alunos em aula prática, está representado na figura a seguir.

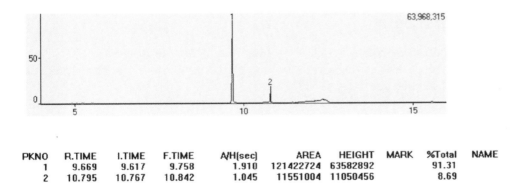

PKNO	R.TIME	I.TIME	F.TIME	A/H(sec)	AREA	HEIGHT	MARK	%Total	NAME
1	9.669	9.617	9.758	1.910	121422724	63582892		91.31	
2	10.795	10.767	10.842	1.045	11551004	11050456		8.69	

FIGURA 1.13 Cromatograma do óleo de cravo-da-índia.

Obtenção de fármacos de fonte natural

Os fármacos de origem natural têm um papel importante na medicina moderna. O último estudo detalhado sobre o uso de produtos naturais na medicina constatou que cerca de 25% das prescrições médicas eram de medicamentos que apresentavam princípios ativos obtidos de vegetais superiores. Apesar do estudo ter sido realizado em 1967, suas conclusões são semelhantes ao que se verifica nos dias atuais, uma vez que as prescrições estudadas ainda são citadas na literatura recente. Um estudo menos pormenorizado, realizado em 1991, indicou apenas pequenas modificações no resultado anterior para prescrições que continham princípio ativo natural. Por outro lado, nos últimos anos houve um aumento do uso de antibióticos e agentes antineoplásicos obtidos de fontes naturais. Outros fatores como o uso indiscriminado de anticoncepcionais, incluindo os obtidos de precursores vegetais, e a introdução de fármacos produzidos por métodos biotecnológicos contribuíram para aumentar a importância dos fármacos de origem natural.

Obtenção de óleo essencial de hortelã com destilação por arraste a vapor

O óleo de hortelã é obtido através da destilação por arraste a vapor das partes aéreas frescas e florescentes da *Mentha spicata* ou da *M. cardíaca*. Contém 45-60% de (-)-carvona, (-)-limoneno e cineol (eucaliptol). É usado como aromatizante e carminativo.

(-)-carvona	(-)-limoneno	Cineol (eucaliptol)
$C_{10}H_{14}O$	$C_{10}H_{16}$	$C_{10}H_{18}O$
PM: 150,22	PM: 136,23	PM: 154,25

Parte experimental

a) **Destilação por arraste a vapor do óleo das folhas de hortelã**

Pesar 30 g de folhas de hortelã colhidas recentemente e transferir para um balão de destilação.

Realizar a destilação por arraste a vapor, com o aparelho de Clevenger, seguindo a técnica na página 7.

Transferir 150 mL da mistura obtida para um funil de separação de 250 mL.

Extrair a mistura com três porções de 50 mL de diclorometano, conforme técnica descrita na página 12.

Reunir as fases orgânicas e secar com sulfato de sódio.

Filtrar, evaporar o solvente e transferir o resíduo para um frasco previamente pesado e identificado.

b) **Análise do óleo de hortelã por cromatografia em camada delgada de sílica gel**

Analisar o óleo obtido em placa cromatográfica de sílica gel, como descrito no experimento 1, página 23.

c) **Análise do óleo de hortelã por cromatografia gasosa acoplada à espectrometria de massas**

Analisar o óleo obtido por cromatografia a gás acoplada à espectrometria de massas conforme descrito na página 26. O cromatograma do óleo obtido por alunos em aula prática está representado na Figura 1.12 da página 27, no qual se observa a presença de pelo menos quatro constituintes. Foi verificado que o pico 3 se refere à carvona, dado obtido do espectro de massas.

Extração do óleo do cravo-da-índia

Eugenol	Acetato de eugenol	Beta-cariofileno
$C_{10}H_{12}O_2$	$C_{13}H_{16}O_3$	$C_{15}H_{23}O$
PM: 164,20	PM: 220,26	PM: 219,34

O óleo do cravo-da-índia é obtido por destilação por arraste a vapor dos botões dessecados da *Syzgium aromaticum* (L.) Merr. Et L. M. Perry. O principal componente é o eugenol (70% a 95%), além do acetato de eugenol, β-cariofileno (5% a 8%) e vários componentes de estruturas menores. É classificado como aromatizante e possui propriedades antissépticas, contrairritantes e carminativas. O eugenol é um líquido incolor ou amarelo claro, com forte aroma de cravo-da-índia e sabor pungente. É um analgésico dental, sendo aplicado diretamente sobre a cavidade do dente ou misturado com óxido de zinco nas restaurações temporárias.

Parte experimental

Obtenção do óleo do cravo-da-índia por hidrodestilação

Pesar 20 g de botões florais do cravo-da-índia e transferir para um balão de destilação.

Realizar a hidrodestilação em aparelho de Clevenger, seguindo a técnica descrinta na página 7.

Transferir 150 mL da mistura obtida para um funil de separação de 250 mL.

Extrair o óleo da mistura aquosa com três porções de 50 mL de diclorometano, conforme técnica descrita na página 12.

Reunir as fases orgânicas e secar com sulfato de sódio.

Filtrar, evaporar o solvente e transferir o resíduo para um frasco previamente pesado e rotulado.

Obtenção do óleo do cravo-da-índia por extração com solvente

a) Preparação do extrato

Triturar 20 g de botões florais do cravo-da-índia em gral de porcelana. Transferir o material para um erlenmeyer de 500 mL e adicionar 100 mL de diclorometano.

Deixar a mistura em contato por 24 horas. Filtrar a mistura em papel de filtro e evaporar o solvente do filtrado em evaporador rotatório.

Transferir o resíduo para um frasco já pesado e evaporar o restante do solvente espontaneamente à temperatura ambiente.

Anotar a massa de extrato obtido.

b) Purificação do extrato em coluna cromatográfica de sílica gel

Purificar o extrato obtido em coluna cromatográfica de sílica gel de acordo com a técnica descrita no Experimento 1 da página 24.

Reunir as frações semelhantes e guardá-las em frasco já pesado para análise posterior por espectrometria no infravermelho e por cromatografia gasosa acoplada à espectrometria de massas.

Análise do óleo do cravo-da-índia por cromatografia gasosa acoplada à espectrometria de massas

Analisar o óleo do cravo-da-índia obtido nos dois processos descritos anteriormente em cromatógrafo a gás acoplado a espectrômetro de massas, como descrito no Experimento 2 da página 27. O cromatograma do material obtido por alunos em aula prática está representado na figura 1.13 da página 27, no qual se observa a presença de dois constituintes. A partir da análise do espectro de massas foi possível verificar que o óleo era constituído pelo engenol (picos 1), composto majoritário, e pelo acetato de engenol (pico 2).

Extração do lapachol de espécies de ipê

O lapachol, ou 2-hidroxi-3-(3-metilbutenil)nafto-1,4-diona, é um sólido amarelo da classe das naftoquinonas, conhecida desde 1858. A substância é encontrada em grande quantidade em espécies da família das Bignoniáceas, como *Tecoma serratifolia* (ipê-do-cerrado), *Tecoma heptaphylla* (ipê-roxo), *Tecoma chryssotricha* (ipê-tabaco-verdadeiro) e *Tecoma ipe* (ipê-rosa), e parece ser responsável pela resistência dessas plantas a cupins. A principal atividade biológica é a ação antineoplásica contra tumores cancerígenos sólidos, apresenta também atividade antimicrobiana, atuando contra bactérias do gênero *Brucella* e protozoários do gênero *Plasmodium*.

Lapachol

$C_{15}H_{14}O_3$

PM: 242,27

P.f.: 141-143 °C

A extração do lapachol baseia-se na natureza química da substância. Por ser um ácido fraco, ele reage com carbonato de sódio, formando um sal solúvel em água. Após uma filtração simples para a separação dos resíduos sólidos, o lapachol é regenerado pela reação com o ácido clorídrico.

Parte experimental

Colocar 30 g de madeira de ipê, previamente seca e triturada, em um béquer ou em um erlenmeyer de 500 mL. Adicionar 200 mL de solução saturada de carbonato de sódio (10,4 g de Na_2CO_3/100 mL de solução) e deixar a mistura em contato por 24 horas (haverá desenvolvimento de coloração vermelha intensa). Remover os resíduos sólidos através da filtração da mistura.

Adicionar lentamente ao filtrado uma solução de HCl (6 mol/L) até atingir um pH ácido. À medida que o ácido clorídrico vai sendo adicionado, a cor vermelha vai desaparecendo e o lapachol vai precipitando na superfície líquida na forma de cristais amarelos.

Extrair o lapachol com três porções de diclorometano em funil de separação. Secar a fase orgânica com sulfato de sódio, filtrar e evaporar o solvente em evaporador rotatório.

Comparar o material extraído com o padrão de lapachol em cromatoplacas de sílica gel, eluídas com diclorometano e reveladas com iodo.

Cristalizar o material extraído em etanol e determinar o ponto de fusão.

Analisar a pureza do material obtido em placas cromatográficas de sílica, como descrito no experimento 2, página 23.

Extração da cafeína da erva-mate

A cafeína (1,3,7-trimetilxantina) é um sólido branco, de sabor amargo, que sublima sem se decompor. É encontrada no café, no chá, no cacau, no guaraná, na cola e na erva-mate. Apresenta ação estimulante sobre o sistema nervoso central.

A erva-mate é constituída pelas folhas de *Ilex oaragyaruebsus* St. Hil, que contém até 2% de cafeína. Apresenta propriedades diaforéticas e diuréticas. Em doses elevadas, é usada como laxativo ou purgativo. Na América do Sul, é empregada na preparação de bebidas semelhantes ao chá.

Cafeína

$C_8H_{10}N_4O_2$

PM: 194,19

P.f.: 234-236 °C

Parte experimental

Pesar 10 g de folhas de erva-mate e transferir para um béquer de 250 mL. Adicionar 4,8 g de carbonato de sódio e 100 mL de água destilada. Aquecer à ebulição, com agitação, por 15 minutos; resfriar a mistura até cerca de 55 °C e filtrar.

Resfriar o filtrado a 15-20 °C, adicionando gelo picado. Transferir a mistura para um funil de separação de 125 mL e extrair com três porções de diclorometano. Reunir os extratos orgânicos e lavar com 20 mL de água destilada. Deixar o extrato orgânico em contato com sulfato de magnésio por pelo menos 10 minutos e filtrar.

Evaporar o solvente do filtrado e transferir o resíduo para um frasco previamente pesado.

Purificar a cafeína obtida por sublimação, de acordo com a técnica descrita no experimento 2, página 16.

Referências bibliográficas

ABDEL-MONEM, M. M. e HENKEL, J. G. *Essentials of drug product quality concepts and methodology.* St. Louis, The C. V. Mosby Company, 1978.

LEHMAN, J. W. *Operational organic chemistry: a problem-soving approach to the laboratory cours.* 3.ed. Prentice Hall, 1999.

MERCK & CO. Inc. N. J. U. S. A. Whitehouse Station, 1996.

MOHRIG, J. R.; MORRIL, T. C.; HAMMOND, C. N. e NECKERS D. C. *Experimental organic chemistry – a balanced approach: macroscale and microscale.* New York, W. H. Freeman and Company, 1998.

PASTO, D. J. e JOHNSON, C. R. *Determinación de estructuras orgánicas.* Barcelona, Editorial Reverté S. A., 1974.

ROBBERS, J. E.; SPEEDIE, M. K. e TYLER, V. E. *Farmacognosia biotecnologia.* São Paulo, Editorial Premier, 1997.

VOGEL, J. A. *Química Orgânica,* 3.ed., v.1. Rio de Janeiro, Ao Livro Técnico S. A., 1971.

CAPÍTULO 2

Propriedades físico-químicas de fármacos

Maria Auxiliadôra Fontes Prado

Introdução

As ligações químicas que ocorrem entre uma substância estranha ao meio biológico (um fármaco) e determinados sítios das macromoléculas biológicas (os receptores) iniciam uma cascata de eventos bioquímicos que levam à modificação do papel fisiológico da macromolécula e, consequentemente, ao efeito farmacológico.

A utilidade terapêutica de uma substância depende da extensão de seu efeito farmacológico, que, por sua vez, está relacionada ao número e à força das ligações que ocorrem com o receptor e à sua concentração no local de ação.

O número e a força das ligações que ocorrem entre o fármaco e o sítio ativo da macromolécula biológica dependem dos grupos funcionais presentes na molécula do fármaco e do arranjo espacial desses grupos, ou seja, de sua estereoquímica. O estereoisômero que apresenta arranjo espacial dos grupos funcionais mais adequado para se ligar por maior número de ligações e com maior força é o mais potente.

A concentração do fármaco no local de ação está relacionada a um complicado conjunto de eventos que ocorre com o fármaco após sua administração, ou seja, os processos farmacocinéticos que envolvem absorção (exceto no caso de administração por via endovenosa), biotransformação, transporte e excreção.

A absorção, o transporte e a excreção dos fármacos estão diretamente relacionados à sua capacidade de atravessar membranas e, portanto, à solubilidade relativa do fármaco em óleo e água, definida como coeficiente de partição óleo-água (P). Além disso, considerando que a forma não ionizada de uma substância é mais lipossolúvel que a ionizada e que a maioria dos fármacos é composta de ácidos ou bases fracas, ou seja, dependendo do pH do meio há variação da relação das concentrações de formas ionizadas e não ionizadas, os processos de absorção, transporte e excreção dos fármacos também dependem de sua constante de acidez (Ka) e do pH do meio biológico em que o fármaco se encontra. Portanto, pode-se concluir que as propriedades farmacocinéticas de um fármaco dependem de seu coeficiente de partição (P) e de sua constante de acidez (Ka).

Considerando a importância do coeficiente de partição, da relação de concentração de formas ionizadas e não ionizadas e da estereoquímica das substâncias na atividade farmacológica, descrevem-se, a seguir, detalhadamente alguns de seus aspectos, relacionados à aulas práticas.

Determinação do coeficiente de partição óleo-água (P) do ácido mandélico

Introdução

O coeficiente de partição óleo-água (*P*) é definido como a relação das concentrações da substância em óleo e em água. Para determinar o valor de *P* realiza-se um experimento no qual se misturam quantidades conhecidas da substância, um solvente orgânico imiscível com água (*n*-octanol, clorofórmio, éter etílico etc.), que mimetiza a fase oleosa, e água. Após a separação nas fases orgânica e aquosa, determina-se a quantidade de substância presente em cada uma das fases. Para calcular *P* utiliza-se a seguinte expressão:

$$P = \frac{[So]}{[Sa]}$$

onde:
So = concentração da substância na fase orgânica;
Sa = concentração da substância na fase aquosa.

Para o ácido mandélico, um antisséptico urinário, o valor de *P* encontrado na literatura é 1.

Ácido mandélico

Técnica[1]

Experimento 1

Transferir 15 mL de solução de ácido mandélico (aproximadamente 1 g/100 mL) para um erlenmeyer, adicionar água destilada, duas gotas de fenolftaleína e titular com solução de hidróxido de sódio padronizada (concentração de aproximadamente 0,1 mol/L) até viragem.

Experimento 2

Transferir 15 mL de solução de ácido mandélico para um funil de separação, adicionar 15 mL de éter etílico e agitar vigorosamente (cuidado!). Deixar em repouso até ocorrer a separação das camadas e recolher a fase aquosa em um erlenmeyer,

---

[1] Smedberg, R. T. *Journal of chemical education*, 1994, v. 71, n.3, p.269.

adicionar água destilada, duas gotas de fenolftaleína e titular com solução de hidróxido de sódio padronizada (concentração de aproximadamente 0,1 mol/L) até viragem.

Cálculos

Calcular a concentração de ácido mandélico na solução original em mol/15 mL, mol/L, g/L, g/100 mL e g/mL.

Calcular a concentração de ácido mandélico na solução aquosa após a extração em mol/15 mL, mol/L, g/L, g/100 mL e g/mL.

Calcular a concentração de ácido mandélico que passou para a fase etérea em mol/15 mL, mol/L, g/L, g/100 mL e g/mL.

Calcular o coeficiente de partição do ácido mandélico.

Verificação da influência do pH e do pKa na ionização de fármacos

Introdução

Como os fármacos, em sua maioria, são ácidos ou bases fracas, no meio biológico eles estarão mais ou menos ionizados, dependendo da constante de acidez (*Ka*) e do pH do meio em que se encontram. Considerando-se que a forma não onizada de um fármaco é mais lipossolúvel que a ionizada, a *Ka* da substância e o pH do meio são dois parâmetros que influem diretamente na passagem dos fármacos através das membranas biológicas e, portanto, são determinantes dos processos de absorção, transporte e excreção de fármacos.

É possível prever qualitativamente, apenas com base na reação do fármaco com a água, em que pH a relação das concentrações de formas não ionizadas e ionizadas será maior e dessa forma avaliar, por exemplo, em que parte do trato gastrintestinal a absorção será mais efetiva.

Assim, para um fármaco de caráter ácido (HA),

$$HA + H_2O \rightleftharpoons A^- + H_3O^+$$

quanto menor for o pH, maior será a concentração de H_3O^+, portanto, o equilíbrio da reação será deslocado para a esquerda com o aumento da concentração da forma não ionizada. Ao contrário, quanto maior for o pH, maior será a concentração de íons OH^-, maior será o consumo de H_3O^+ e o equilíbrio da reação se deslocará para a direita com o consequente aumento da concentração da forma ionizada. Já para um fármaco de caráter básico, que recebe próton da água,

$$B: + H_2O \rightleftharpoons BH^+ + OH^-$$

$$BH^+ + H_2O \rightleftharpoons B: + H_3O^+$$

haverá aumento da concentração da forma ionizada em pH menor e da forma não ionizada em pH maior.

Se os valores da Ka (ou pKa) e do pH do meio são conhecidos, é possível calcular a relação das concentrações de formas ionizadas e não ionizadas de um fármaco:

$$HA + H_2O \overset{Ka}{\rightleftharpoons} A^- + H_3O^+$$

$$Ka = ([H_3O^+][A^-])/[HA]$$

$$Ka/[H_3O^+] = [A^-]/[HA]$$

$$-\log(Ka/[H_3O^+] = -\log([A^-]/[HA]))$$

$$-\log Ka - (-\log[H_3O^+]) = -\log([A^-]/[HA])$$

$$pKa - pH = -\log([A^-]/[HA])$$

$$[A^-]/[HA] = 10^{-(pKa - pH)}$$

$$[A^-]/[HA] = 10^{pH - pKa}$$

De maneira idêntica, considerando-se a equação da reação do ácido conjugado BH^+ com a água, pode-se deduzir que para fármacos de caráter básico:

$$[B:]/[BH^+] = 10^{pH - pKa}$$

Objetivo

Será observada a influência do pH na relação das concentrações de formas ionizadas e não ionizadas de três fármacos: o ácido acetilsalicílico de caráter ácido (pKa = 5), o paracetamol, ácido muito fraco, considerado de caráter neutro (pKa = 10) e o *p*-aminofenol, de caráter básico (pKa do ácido conjugado = 6).

ácido acetilsalicílico   *p*-aminofenol   paracetamol

Fundamento

Considerando-se que as formas não ionizadas de um fármaco são mais solúveis em solventes orgânicos e menos solúveis em água que as formas ionizadas, a quantidade de fármaco em um solvente orgânico, adicionada a uma solução aquosa do fármaco será proporcional à quantidade de fármaco na forma não ionizada. Assim, comparando-se as concentrações de um fármaco nas fases orgânicas separadas de soluções aquosas em diferentes pH, é possível verificar em que pH o fármaco está menos ionizado.

Técnica[2]

Em tubos de ensaio, adicionar as amostras de ácido acetilsalicílico (AAS), paracetamol (PC), *p*-aminofenol (AF), as soluções de pH 1 e 8 e o solvente, seguindo o especificado na tabela a seguir.

Tubo	Substância (peso em mg)	Vol. (mL) Sol. HCl pH = 1	Vol. (mL) sol. tampão Na_2HPO_4/NaH_2PO_4 pH = 8*	Vol. (mL) acetato de etila	Resultado (F ou f)
1	AAS (30)	3	–	3	
2	AAS (30)	–	3	3	
3	PC (20)	3	–	3	
4	PC (20)	–	3	3	
5	AF (20)	3	–	3	
6	AF (20)	–	3	3	

* Misturar 1 mL de solução de NaH_2PO_4 a 0,2 mol/L e 19 mL de solução de Na_2HPO_4 a 0,2 mol/L.

Agitar vigorosamente, deixar em repouso até ocorrer a separação das fases aquosa e orgânica e aplicar, com o auxílio de um capilar, volumes aproximadamente iguais de cada uma das fases orgânicas em placa de sílica com indicador de fluorescência. Secar e observar a placa sob luz ultravioleta. Comparar as fluorescências das manchas relativas ao mesmo fármaco especificando como forte (F) ou fraco (f).

Cálculos

Calcular as relações das concentrações de formas ionizadas e não ionizadas dos três fármacos em pH 1 e 8 e verificar se o resultado do experimento está de acordo com o que pode ser previsto pelos cálculos.

[2] Hickman, R. J. S. e Neill, J. *Journal of Chemical Education*, 1997, v.74, n.7, p.855-6.

Determinação de constantes hidrofóbicas de substituintes de sulfonamidas por meio de cromatografia em fase reversa

Introdução

A relação entre a estrutura química e a atividade biológica (REA, "SAR") das substâncias pode ser determinada de maneira qualitativa. O estudo da relação existente entre estrutura e atividade pode ser feito também de maneira quantitativa (REAQ, "QSAR"), sendo que, neste caso, os efeitos eletrônicos (σ), estereoquímicos (E_s) e de solubilidade (π) dos grupos funcionais (substituintes) presentes na estrutura do fármaco são medidos e relacionados à atividade por meio de modelos matemáticos. QSAR possibilita explicar de forma quantitativa a relação entre a estrutura química e a atividade e planejar modificações moleculares de forma a obter fármacos com vantagens sobre o protótipo.

De todos os parâmetros físico-químicos, o coeficiente de partição (P) tem sido o mais utilizado nos estudos de QSAR, uma vez que este parâmetro influencia, efetivamente, as propriedades farmacocinéticas e permite avaliar a possibilidade de formação de ligações hidrofóbicas com os receptores. A contribuição dos diversos substituintes na relação lipo/hidrossolubilidade das moléculas é medida e denominada constante hidrofóbica, ou constante lipofílica ou, ainda, constante de Hansch (π)

Hansch *et al.* (1962) determinaram que a π de um substituinte X corresponde à diferença dos logaritmos dos coeficientes de partição óleo/água (P) de uma substância de estrutura RX e de uma substância de estrutura RH.

$$p_x = \log \frac{P_{RX}}{P_{RH}} = \log P_{RX} - \log P_{RH}$$

Isso significa que para calcular o valor de π, ou seja, avaliar a influência do substituinte X no coeficiente de partição, é preciso determinar experimentalmente os coeficientes de partição de RX e de RH. Do ponto de vista experimental, a determinação do coeficiente de partição é, na maioria dos casos, trabalhosa e exige o uso de métodos sofisticados.

Em 1965, Boyce e Milborrow observaram uma correlação entre o coeficiente de partição das substâncias e os respectivos valores do parâmetro cromatográfico Rm. Eles descobriram que a diferença dos valores de Rm da substância RX e RH corresponde à constante hidrofóbica do substituinte X (π).

$$\pi_x = Rm_{RX} - Rm_{RH}$$

O valor de Rm é calculado com base no valor de Rf em cromatografia em fase reversa (fase estacionária apolar, fase móvel polar: as substâncias mais apolares interagem mais efetivamente com a fase estacionária, portanto, elas permanecem mais retidas, apresentando Rf menor que as substâncias mais polares), utilizando a seguinte expressão:

$$Rm = \log \left(\frac{1}{Rf} - 1 \right)$$

Segundo Biagi *et al.* (1974), para substâncias ácidas e básicas o valor de Rm deve ser corrigido, acrescentando-se o valor da expressão log {(Ka + [H⁺]) / [H⁺]}, em que Ka é a constante de acidez e [H⁺] é a concentração em mol/L de íons H⁺ na fase móvel. Portanto, para ácidos e bases:

$$Rm = \log\left(\frac{1}{Rf}\right) - 1 + \log\left(\frac{Ka + \left[H^+\right]}{\left[H^+\right]}\right)$$

Assim, utilizando um método simples, rápido e barato, a cromatografia em camada delgada em fase reversa, é possível determinar a constante hidrofóbica de uma série de substituintes.

Objetivo

Determinar as constantes hidrofóbicas dos substituintes de três sulfonamidas por meio de cromatografia em fase reversa e com base nos valores encontrados e no valor do coeficiente de partição da sulfanilamida, calcular os coeficientes de partição das três sulfonamidas.

R = H   Sulfanilamida 1
         pKa = 10,45

R = (estrutura)   Sulfatiazol 2
                   pKa = 7,10

R = (estrutura)   Sulfametoxipiridazina 3
                   pKa = 7,05

R = (estrutura)   Sulfametazina 4
                   pKa = 7,70

Técnica[3]

Fase estacionária: placas de sílica gel impregnadas com solução a 5% de *n*-octanol em éter etílico.

Fase móvel: solução tampão de pH 7,4 (preparada pela mistura de 50 mL de solução de fosfato biácido de potássio a 0,1 mol/L e 39,5 mL de solução de hidróxido de sódio a 0,1 mol/L).

A aproximadamente 1 cm da base da placa, aplicar, com o auxílio de um capilar, as soluções das sulfonamidas 1, 2, 3 e 4 (4 mg/mL em acetona). Secar e eluir, até que a fase móvel atinja quase o topo da sílica. Marcar a linha da fase móvel, secar

---

[3] Biagi, G. L. et al. *Journal of Medicinal Chemistry*, 1974, v.17, n.1, p.28-33; Prado, M. A. F. *Journal of Chemical Education*, 2001, v.78, p.533-4.

as placas e borrifar solução 100/1 de *p*-dimetilaminobenzaldeído (0,1% em etanol) e ácido clorídrico concentrado.

Cálculos

Calcular os Rf de cada uma das substâncias (Rf = distância do ponto de aplicação até o centro da mancha/distância do ponto de aplicação até a linha da fase móvel).

Calcular os valores de Rm para as quatro sulfonamidas.

Calcular as constantes hidrofóbicas dos substituintes (π) presentes nas sulfonamidas 2, 3 e 4.

Considerando que o coeficiente de partição (*P*) da sulfanilamida é 0,15, calcular os coeficientes de partição das sulfonamidas 2, 3 e 4.

Determinação do poder rotatório específico do naproxeno e de seu sal sódico

Introdução

O naproxeno, um anti-inflamatório não esteroidal da classe dos ácidos arilalcanóicos, age inibindo a enzima ciclooxigenase, envolvida na biossíntese de prostaglandinas.

Naproxeno = ácido (S)-6-metoxi-α-metil-2-naflalenoacético   (S)-6-metoxi-α-metil-2-naftalenoacetato de sódio

Na estrutura do naproxeno há um carbono assimétrico. Portanto, o naproxeno apresenta atividade ótica, propriedade de desviar o plano de vibração da luz polarizada, e existem dois estereoisômeros, que são enantiômeros. Apenas um dos enantiômeros do naproxeno apresenta atividade anti-inflamatória, o de configuração S.

As propriedades físico-químicas dos enantiômeros são as mesmas, exceto o lado do desvio do plano de vibração da luz polarizada. Se um dos enantiômeros desvia o plano de vibração da luz polarizada para a direita (dextrorrotatório), o outro desvia do mesmo ângulo para a esquerda (levorrotatório).

A pureza ótica das substâncias dependem do valor do poder rotatório específico ($[\alpha]_D$), medido em um polarímetro e definido como sendo o ângulo de desvio da luz polarizada que atravessa 1 dm da solução da substância na concentração de 1 g/mL. O poder rotatório específico é calculado pela expressão:

$$[\alpha]_D = (\alpha \times 100) / (l \times c)$$

em que: α = ângulo observado; l = comprimento do tubo do polarímetro em decímetro; c = concentração em g/100 mL.

Os poderes rotatórios específicos do isômero ativo do naproxeno e de seu sal sódico, descritos na literatura, são respectivamente +66 e -11.

Objetivo

Determinar o poder rotatório específico do naproxeno e de seu sal sódico.

Técnica[4]

Pesar exatamente cerca de 150 mg de naproxeno. Dissolver em clorofórmio, transferir quantitativamente para um balão volumétrico de 5 mL, completar o volume com o mesmo solvente e homogeneizar.

Pesar exatamente cerca de 300 mg de sal sódico de naproxeno. Dissolver em metanol, transferir quantitativamente para um balão volumétrico de 5 mL, completar o volume com o mesmo solvente e homogeneizar.

Zerar o polarímetro utilizando clorofórmio, fazer ambiente no tubo com a solução de naproxeno, transferir essa solução para o tubo e fazer a leitura.

Zerar o polarímetro utilizando metanol, fazer ambiente no tubo com a solução de sal sódico de naproxeno, transferir essa solução para o tubo e fazer a leitura.

Cálculos

Calcular o poder rotatório específico ($[\alpha]_D$) do naproxeno e de seu sal sódico.

Observações: As amostras de naproxeno e de seu sal sódico, utilizadas para determinar os poderes rotatórios específicos podem ser recuperadas eliminando os solventes, o clorofórmio e o metanol, respectivamente.

O sal sódico do naproxeno pode ser extraído de comprimidos do medicamento Flanax ou similar, e o naproxeno na forma ácida pode ser sintetizado a partir do sal, seguindo-se os procedimentos apresentados:

a) **Extração do sal sódico do naproxeno:** Triturar cinco comprimidos de Flanax em um gral. Transferir para um erlenmeyer, adicionar aproximadamente 30 mL de metanol e deixar sob agitação magnética durante cerca de 30 minutos. Filtrar utilizando, inicialmente, papel de filtração rápida quantas vezes forem necessárias para obter uma solução perfeitamente límpida e, posteriormente, papel de filtração lenta para precipitados finos. Eliminar o solvente do filtrado límpido por destilação, sob vácuo, em rotavapor.

b) **Conversão do sal do naproxeno em naproxeno:** A 500 mg de sal sódico de naproxeno, adicionar água destilada em quantidade suficiente para dissolução e solução de ácido clorídrico a 3 mol/L até pH próximo de 2. Extrair com três porções de 25 mL de diclorometano, juntar as fases orgânicas e lavar com 10 mL de água destilada. Deixar a fase orgânica em contato com sulfato de magnésio anidro (ou sulfato de sódio anidro) por 15 minutos. Filtrar, lavar o resíduo com diclorometano e eliminar o solvente orgânico por destilação em rotavapor, sob vácuo.

---

[4] Walsh, D. e Koontz, S. *Journal of Chemical Education*, 1997, v.74, n.5, p.585-6.

O naproxeno pode ser adquirido em farmácias de manipulação e seu sal sódico pode ser preparado por adição de solução de hidróxido de sódio: pesar 300 mg de naproxeno, adicionar 1,5 mL de solução de hidróxido de sódio a 1 mol/L. Transferir quantitativamente para um balão volumétrico de 5 mL, completar o volume com água destilada, homogeneizar e fazer a leitura no polarímetro após ter zerado o aparelho com solução de hidróxido de sódio a 1 mol/L.

Exercícios

1. Para determinar o coeficiente de partição óleo-água (*P*) da epinefrina, foram realizados os seguintes experimentos:

- Prepararam-se 500 mL de solução de ácido perclórico pela diluição de 4,2 mL de solução de ácido perclórico (70% p/p, densidade = 1,4 g/mL) em água destilada.

- Na padronização da solução de ácido perclórico, preparada utilizando 100,3 mg de carbonato de sódio como padrão primário, foram consumidos 20,4 mL da solução de ácido perclórico.

- Uma alíquota de 20 mL de solução de epinefrina foi titulada com a solução de ácido perclórico padronizada, tendo sido consumidos 35 mL da solução titulante.

- Uma alíquota de 20 mL de solução de epinefrina foi transferida para um funil de separação, adicionaram-se 20 mL de clorofórmio, agitou-se, separaram-se as fases orgânica e aquosa e titulou-se a fase aquosa com a solução de ácido perclórico padronizada. Foram consumidos 30,4 mL da solução titulante.

a) Escreva a equação química da reação do ácido perclórico com o carbonato de sódio.

b) Escreva a equação química da reação entre a epinefrina e o ácido perclórico.

c) Calcule a concentração teórica da solução de ácido perclórico em mol/L.

d) Calcule a concentração real da solução de ácido perclórico em mol/L.

e) Calcule o coeficiente de partição óleo-água da epinefrina.

2. Uma amostra de 200 mg de ácido ftálico foi dissolvida em 50 mL de água. A solução foi transferida para um funil de separação, adicionaram-se 25 mL de éter etílico, agitou-se e recolheu-se a fase aquosa em um erlenmeyer. Adicionaram-se duas gotas de solução de fenolftaleína SI e titulou-se com solução de hidróxido de sódio a 0,036 mol/L. Foram consumidos 22 mL da solução titulante.

a) Escreva a equação da reação do ácido ftálico com o hidróxido de sódio.

b) Calcule o coeficiente de partição óleo/água do ácido ftálico.

3. Escreva as equações das reações ácido-base entre o ácido acetilsalicílico (pKa = 4) e a água, entre o *p*-aminofenol (pKa do ácido conjugado = 6) e a água e entre o paracetamol (pKa = 10) e a água. Com base nas equações, determine, qualitativamente, em que pH (maior ou menor) a relação das concentrações de formas ionizadas e não ionizadas de cada fármaco será maior.

ácido acetilsalicílico   *p*-aminofenol   paracetamol

Observação: o hidrogênio mais ácido do paracetamol é aquele ligado ao nitrogênio.

4. Proponha uma explicação para o fato de que embora tanto o *p*-aminofenol como o paracetamol possuam um *N* com par de elétrons livres, apenas o do *p*-aminofenol apresenta caráter básico.

5. Deduza as expressões que permitem calcular as relações das concentrações de formas ionizadas e não ionizadas de ácidos e bases fracas, com base nos valores de pKa do ácido (ou do ácido conjugado) e do pH do meio.

6. Calcule as relações das concentrações de formas ionizadas e não ionizadas em pH 1 e em pH 8 para o ácido acetilsalicílico, *p*-aminofenol e paracetamol e compare com os dados determinados no exercício 3.

7. Explique, com base no valor de pKa e nos valores encontrados no exercício anterior, o motivo pelo qual o paracetamol é classificado como um fármaco neutro.

8. Considere o seguinte experimento realizado com o paracetamol, o *p*-aminofenol e o ácido acetilsalicílico:

• A 100 mg de cada fármaco adicionaram-se 5 mL de solução aquosa com pH 1 e 5 mL de solvente orgânico e agitou-se, vigorosamente.

• A 100 mg de cada fármaco adicionaram-se 5 mL de solução aquosa com pH 8 e 5 mL de solvente orgânico e agitou-se, vigorosamente.

Considerando os valores encontrados no exercício 6, apresente um quadro indicando, para cada um dos fármacos, em qual dos experimentos (pH 1 ou 8) a concentração do fármaco é maior na fase orgânica. Justifique.

9. A diciclomina é um fármaco anticolinérgico pertencente à classe dos ésteres de aminoálcoois, administrada por via oral.

a) A diciclomina é um fármaco de caráter ácido ou básico? Justifique com base na estrutura química e escreva a equação química da reação ácido-base com a água.

b) Com base na equação da reação ácido-base, faça uma análise qualitativa e determine o local em que a absorção da diciclomina acontecerá em maior extensão (estômago ou intestino). Justifique detalhadamente.

c) Deduza a equação que permite calcular a relação da concentração de diciclomina nas formas ionizada e não ionizada em função do pKa do seu ácido conjugado e do pH do meio em que ela se encontra.

d) Calcule as porcentagens das formas ionizada e não ionizada de diciclomina no estômago (pH = 1) e no intestino (pH = 8), considerando que o pKa do ácido conjugado da diciclomina é 9.

10. O Losartan, um antagonista da Angiotensina II, foi introduzido no arsenal terapêutico como anti-hipertensivo em 1994. O hidrogênio do anel tetrazólico (anel contendo 4 N e 1 C) do Losartan tem acidez equivalente a de ácidos carboxílicos (pKa = 4,5).

a) Escreva a equação equilibrada da reação do Losartan com a água.

b) Considerando que na forma não ionizada o Losartan é mais bem absorvido do que na forma ionizada, indique em que parte do trato gastrintestinal (estômago ou intestino) esse fármaco será mais bem absorvido. Justifique com base na equação representada no item anterior.

c) Deduza a expressão que permite calcular a relação das concentrações do fármaco nas formas ionizada e não ionizada em função do pH.

d) Calcule as porcentagens das formas ionizada e não ionizada do Losartan no intestino (pH = 8).

11. Defina constante hidrofóbica do substituinte (π).

12. Considere os valores da π de dois substituintes. Qual dos dois substituintes acarreta maior lipossolubilidade a uma substância, o de maior ou o de menor valor de π? Justifique.

13. Para uma série de substâncias de estrutura RX, em que apenas X é variável e o valor de pKa é igual, é possível prever a ordem de lipossolubilidade avaliando o comportamento dessas substâncias em cromatografia em camada delgada de fase reversa. Relacione a distância percorrida pelas substâncias na cromatografia em camada delgada de fase reversa, o valor de Rf, o valor de Rm, o valor de π e o coeficiente de partição óleo/água.

14. Em relação ao hidrogênio e em termos de contribuição para a lipossolubilidade das substâncias, o que significa um substituinte com π negativo? E com π positivo?

15. Realizou-se a cromatografia em camada delgada de fase reversa de quatro substâncias (RH, RX, RY e RZ), todas com valor de pKa de 4,5. Foi utilizada uma placa cromatográfica de 20 cm recoberta com a fase estacionária hidrofóbica e solução tampão de pH 7,5 como fase móvel. As substâncias foram dissolvidas e suas soluções foram aplicadas a 2 cm da base da placa. Após eluição, marcou-se a faixa da fase móvel, revelaram-se as manchas referentes às substâncias com vapor de iodo e marcou-se o centro das manchas de cada substância. Encontraram-se os seguintes resultados:

- Distância da base da placa até a linha da fase móvel: 17 cm.
- Distância da base da placa até o centro da mancha referente à substância RH: 11 cm.
- Distância da base da placa até o centro da mancha referente à substância RX: 15 cm.
- Distância da base da placa até o centro da mancha referente à substância RY: 10 cm.
- Distância da base da placa até o centro da mancha referente à substância RZ: 5 cm.

a) Considerando apenas o cromatograma, determine a ordem crescente de polaridade e dos coeficientes de partição óleo/água (P) das substâncias RH, RX, RY e RZ.

b) Calcule os valores de π dos substituintes X, Y e Z.

c) Com base nos valores de π coloque as substâncias RX, RY e RZ em ordem crescente de lipossolubilidade.

d) Considerando que P de RH é igual a 25, calcule os coeficientes de partição de RX, RY e RZ.

16. Como se define a configuração do carbono assimétrico do naproxeno a partir de sua representação tridimensional?

Naproxeno

17. Represente o estereoisômero com configuração S do naproxeno na projeção de Fischer.

18. De quantos graus será o desvio do plano de vibração da luz polarizada de uma mistura de quantidades iguais dos estereoisômeros R e S do sal sódico do naproxeno? Justifique.

19. Em um laboratório encontram-se dois fármacos, sólidos brancos, rotulados como **A** e **B**. Sabe-se que um deles é o sal sódico do naproxeno (**1**, anti-inflamatório não esteroidal, pKa do ácido conjugado = 5) e o outro é a efedrina (**2**, adrenérgico, pKa do ácido conjugado = 10).

O seguinte experimento foi realizado com os dois fármacos: as amostras foram pesadas, transferidas para tubos de ensaio, adicionaram-se 2 mL de água destilada e, em seguida, soluções de pH 1 e 9. Agitou-se, adicionou-se éter etílico, agitou-se vigorosamente, deixou-se em repouso durante 5 minutos, aplicaram-se 5 mL das fases etéreas em uma placa de sílica com indicador de fluorescência, secou-se e procedeu-se à leitura da fluorescência sob luz ultravioleta. O esquema do experimento e os resultados encontram-se na tabela apresentada a seguir.

Tubo (nº)	Amostra	Peso (mg)	Sol. pH = 1 (mL)	Sol. pH = 9 (mL)	Éter etílico (mL)	Leitura
1	A	30	5	0	5	forte
2	B	30	5	0	5	fraco
3	A	30	0	5	5	fraco
4	B	30	0	5	5	forte

a) Escreva as equações das reações de **1** e **2** com a água.
b) Calcule as porcentagens das formas ionizada e não ionizada dos dois fármacos em pH 1 e em pH 9.
c) Com base nos resultados dos cálculos, nos seus conhecimentos de solubilidade de formas ionizadas e não ionizadas em água e solvente orgânico e na leitura do experimento, determine qual é o fármaco **A** e qual é o fármaco **B**. Explique detalhadamente.

d) Assinale o(s) carbono(s) assimétrico(s) presente(s) nas estruturas de **1** e de **2** e descubra o número de estereoisômeros possíveis para esses fármacos.

e) Desenhe o isômero de configuração R de **1**, na forma tridimensional e na projeção de Fischer.

f) Considerando que para uma solução de 326 mg de **1** em 10 mL de metanol, em um tubo de 10 cm de comprimento, observou-se o desvio do plano de vibração da luz polarizada de -0,38°, calcule o poder rotatório específico de **1**.

20. Mostardas nitrogenadas são compostos com estrutura geral $RN(CH_2CH_2Cl)_2$. Algumas mostardas apresentam atividade antineoplásica e são amplamente utilizadas na terapêutica anticancerígena. O mecanismo de ação envolve formação do íon aziridínio e subsequente ataque nucleofílico de um grupo funcional do DNA ao íon. Portanto, a atividade depende da formação do íon aziridínio.

As mostardas aromáticas **1** e **2** apresentam atividade antineoplásica, as mostardas **3** e **4** são inativas.

Uma alíquota de 20 mL de solução aquosa da mostarda **1** foi transferida para um erlenmeyer. Adicionaram-se água e solução indicadora e titulou-se com 23,4 mL de solução de ácido sulfúrico a 0,543 mol/L.

Uma alíquota de 20 mL da mesma solução aquosa da mostarda **1** foi transferida para um funil de separação. Adicionou-se éter etílico, agitou-se e deixou-se em repouso até ocorrer a separação das fases. A fase aquosa foi recolhida em um erlenmeyer, adicionaram-se água e solução indicadora de fenolftaleína e titulou-se com 10,5 mL de solução de ácido sulfúrico a 0,543 mol/L.

a) Calcule o coeficiente de partição de **1**.

Amostras das mostardas **1**, **2**, **3** e **4** (pKa dos ácidos conjugados = 10) foram dissolvidas em acetona e aplicadas sobre placa de sílica gel impregnada com solução etérea de silicone, a 2 cm da base da placa. A placa foi eluída em uma cuba contendo solução aquosa de pH 7,2 até que o eluente atingisse a altura de 12 cm a partir da base da placa. A placa foi retirada da cuba, secada e borrifada com solução etanólica de ninidrina (revelador de aminas). As distâncias do ponto de aplicação das soluções das mostardas até o centro das manchas foram as seguintes: 7 cm para a mostarda **1**, 5 cm para a mostarda **2**, 2 cm para a mostarda **3** e 4 cm para a mostarda **4**.

b) Calcule as constantes hidrofóbicas dos substituintes das mostardas **2**, **3** e **4**.

c) Calcule o coeficiente de partição da mostarda **3**.

Referências bibliográficas

BIAGI, G. L.; BARBARO, A. M.; GUERRA, M. C.; FORTI, G. C. e FRACCASSO, M. E. *Journal of medicinal chemistry*. v.17, n.1. 1974. p.28-33.

BOYCE, C. B. C. e MILBORROW, B. V. *Nature*. v.208. 1965. p.537-9.

HANSCH, P.e MALONEY, P. P. e FUJITA, T. *Nature*. v.194. 1962m. p.178-80.

HICKMAN, R. J. S. e NEILL, J. Journal of chemical education. v.74, n.7. 1997. p.855-6.

PRADO, M. A. F. *Journal of chemical education*. v.78. 2001. p.533-4.

SMEDBERG, R. T. *Journal of chemical education*. v.71, n.3. 1994. p.269.

WALSH, D. e KOONTZ, S. *Journal of Chemical Education*. v.74, n.5. 1997. p.585-6.

CAPÍTULO 3

Sínteses e semissínteses de fármacos

DALVA TREVISAN FERREIRA

Introdução

O avanço do conhecimento na área de Química Farmacêutica, ou Química Medicinal, tem possibilitado a introdução de novos agentes terapêuticos.

A produção industrial de tais agentes exige conhecimento dos mecanismos que regem as reações químicas, a interação com catalisadores e métodos especializados de purificação e identificação dos fármacos.

Esse complexo de operações define a Química Fina, um setor que gera produtos de composição química definida e alta pureza, do qual decorre um alto valor agregado. Entre os produtos da Química Fina, encontram-se os fármacos, os aditivos alimentares, os defensivos agrícolas, os explosivos e outros.

No Brasil, a maior concentração das atividades com fármacos restringe-se à formulação e à embalagem. A produção continua pequena em decorrência da complexidade e do desconhecimento da tecnologia adequada ao setor, profundamente dependente de matérias-primas e princípios ativos importados.

Neste contexto, este capítulo apresentadas técnicas tradicionais de síntese de princípios ativos. Dessa forma, o leitor em nível de graduação começa a ser introduzido em um setor de importância para o desenvolvimento nacional, o setor de fármacos.

Síntese da sulfanilamida

$$H_2N-\text{〈}\bigcirc\text{〉}-\underset{\underset{O}{\|}}{\overset{\overset{O}{\|}}{S}}-NH_2$$

$C_6H_8N_2O_2S$
PM: 172,21

Sinonímia: 4-aminobenzenossulfonamida, *p*-anilinasulfonamida, *p*-sulfamidoanilina.

Uso terapêutico: antibacteriano.

Solubilidade: pouco solúvel em água, solúvel em acetona.

1ª fase: obtenção da acetanilida.

2ª fase: obtenção do cloreto de *p*-acetilaminobenzenossulfonila.

3ª fase: obtenção da sulfanilamida.

Obtenção da acetanilida

C_8H_9NO
PM: 135,17

Sinonímia: acetanilida, N-fenilacetamida, acetilanilina, acetilaminobenzeno.

Usos terapêuticos: analgésico, antitérmico, intermediário de síntese.

Solubilidade: insolúvel em água (1 g em 185 mL), solúvel em álcool (1 g em 3,4 mL).

Procedimento: em um balão de 1 L contendo 500 mL de água, adicionar 18,3 mL de ácido clorídrico concentrado e 20,5 g (20 mL) de anilina. Misturar até a completa dissolução da anilina. Caso ela esteja colorida, adicionar 3-4 g de carvão ativo, aquecer em torno de 50 °C, com agitação, durante 5 minutos e filtrar a vácuo ou com papel de filtro pregueado. À solução resultante, adicionar 27,7 g (25,6 mL) de anidrido acético, agitar até dissolver e adicionar rapidamente uma solução de 33 g de acetato de sódio cristalizado em 100 mL de água. Agitar vigorosamente e resfriar em gelo. Filtrar a acetanilida num funil de Büchner, lavar com um pouco de água, deixar escorrer bem e secar sobre papel de filtro ao ar. O rendimento da acetanilida é de 24 g. Ela pode ser recristalizada com cerca de 500 mL de água fervente (com 10 mL de álcool metílico). O rendimento é de 19 g e o P.f. é de 114 °C.

Mecanismo:

Observações:

1. Utilizar a capela porque os vapores da anilina são tóxicos.

2. A anilina é insolúvel em água, mas sendo uma base, ela reage com o ácido clorídrico formando um sal solúvel em água.
3. A anilina é incolor, mas é suscetível à oxidação pelo oxigênio do ar.
4. A solução tampão reduz a acidez da mistura, permitindo que a anilina reaja com o anidrido acético.
5. O anidrido acético possui vapores irritantes aos olhos, à pele e às membranas da mucosa.

Obtenção do cloreto de *p*-acetilaminobenzenossulfonila

$C_8H_8ClNO_3S$
PM: 233,67

Sinonímia: cloreto de prontila.

Uso: intermediário de sínteses.

Procedimento: colocar 22 g (13 mL) de ácido clorossulfônico em um balão de fundo redondo de 250 mL e resfriar com gelo até aproximadamente 10 °C. Adicionar, aos poucos, com agitação mecânica, 5 g de acetanilida durante 15 minutos, mantendo a temperatura abaixo de 10 °C. Após a adição da acetanilida, aquecer a mistura a 60 °C durante 2 horas. O término da reação estará condicionado ao não desprendimento de bolhas de HCl. O líquido xaroposo é vertido lentamente, com agitação, sobre 100 g de gelo, ao qual se adiciona pequena quantidade de água para facilitar a agitação e a decomposição do excesso de ácido clorossulfônico. Filtrar o cloreto de ácido sólido em um funil de Büchner e lavar com água. Não é necessário purificar o produto bruto obtido para a síntese da sulfanilamida. O rendimento em relação à acetanilida é em torno de 80%. Caso seja necessária a purificação do cloreto, dissolver o produto bruto seco em 5 vezes o seu peso em acetona, a frio, filtrar e precipitar com excesso de água. Obtém-se um pó de cor branca, semicristalino, com P.f. de 143-145 °C. Repetindo-se a recristalização, alcança-se o P.f. de 148 °C.

Mecanismo:

Obtenção da sulfanilamida

Procedimento: colocar o cloreto de *p*-acetaminobenzenossulfonila (9 g) obtido na fase anterior, em um balão de 250 mL equipado com condensador de refluxo e adicionar 80 mL de amoníaco, agitar para homogeneizar a mistura. Ferver sob refluxo por 30 minutos, agitando ocasionalmente. Resfriar com água gelada, filtrar o precipitado em um funil de Büchner e lavar com pouca água. O produto formado, a sulfanilamida acetilada, pode ser purificado por cristalização em álcool etílico (P.f. = 219 °C). Colocar a sulfanilamida acetilada em um balão de 200 mL, adicionar 30 mL de ácido clorídrico e 30 mL de água durante 30 minutos para que ocorra a hidrólise da amida. Após esse período, adicionar uma pequena quantidade de carvão ativo, ferver por 5 minutos e filtrar a quente a vácuo, com cuidado para que o líquido filtrante não ferva, controlando por meio do vácuo.

Mecanismo:

Síntese da benzocaína

$C_9H_{11}O_2N$
PM: 165,19

Sinonímia: aminobenzoato de etila.

Uso terapêutico: anestésico local.

1ª fase: obtenção de *p*-acetotoluidina.

2ª fase: obtenção do ácido *p*-acetaminobenzoico.

3ª fase: obtenção da benzocaína.

Obtenção de *p*-acetotoluidina

$C_9H_{11}ON$
PM: 149,19

Sinonímia: *p*-metilacetanilida, 1-acetil-aminobenzeno, N-acetil-*p*-toluidina, N-*p*-tolilacetamida.

Procedimento: em um erlenmeyer, dissolver 5 g de *p*-toluidina em 7,5 mL de benzeno e aquecer. Após a dissolução, resfriar em banho de água gelada. Através de um funil de separação, deixar gotejar pouco a pouco 4,8 g de anidrido acético, regulando a adição para que o benzeno não ferva. Deixar esfriar, cobrindo o frasco com um vidro de relógio. Filtrar, misturar os cristais com 10 mL de água e filtrar novamente a vácuo. Lavar o precipitado duas vezes com 1,4 mL de água para eliminar o ácido acético livre. Guardar os cristais, após a secagem, em um dessecador. O rendimento é de 93% e o P.f. é de 147-148 °C.

Mecanismo:

Obtenção do ácido *p*-acetaminobenzoico

$C_9H_9O_3N$
PM: 179,17

Sinonímia: ácido 4-acetilaminobenzoico.

Uso: intermediário de sínteses.

Procedimento: em um frasco de 500 mL colocar 6,47 g de *p*-acetotoluidina dissolvida em 300 mL de água, agitar mecanicamente e aquecer em banho–maria a 80-95 °C. No transcurso de 3 horas adicionar, em pequenas porções, 16 g de permanganato de potássio finamente moído, com agitação constante (adicionar nova porção somente quando a anterior estiver descolorida). Após a adição, agitar por mais meia hora. No princípio, a oxidação é rápida, porém, no final ela será lenta. Filtrar o precipitado (dióxido de manganês) a quente. Fervê-lo duas vezes, cada uma com 50 mL de água. Novamente, filtrar a quente, duas vezes, para extrair totalmente o ácido *p*-acetaminobenzoico que tenha ficado no precipitado. Reunir os três filtrados e concentrá-los para obter um volume de 100 mL, em uma cápsula de porcelana. Filtrar e resfriar. Com o resfriamento, a *p*-acetotoluidina inalterada se cristalizará e deve ser separada por meio de filtração. Colocar o líquido filtrado (que contém o ácido *p*-acetaminobenzoico) em um béquer de 300 mL, adicionar ácido clorídrico concentrado em excesso. O ácido *p*-acetaminobenzoico irá se precipitar ao mesmo tempo em que produz efervescência. Filtrar e secar. O rendimento é em torno de 55%. Os cristais incolores formados terão P.f. de 250-256 °C.

Reação:

Obtenção da benzocaína (*p*-aminobenzoato de etila)

Procedimento: colocar, em um balão de vidro, uma solução de 4,27 g de *p*-acetaminobenzoico e 12,5 mL de álcool etílico. Com suave agitação, adicionar 1,9 mL de ácido sulfúrico concentrado. Deixar a mistura em refluxo por duas horas, aquecendo em banho-maria. Verter, ainda quente, em um frasco contendo 30 mL de água e 10 g de gelo. Neutralizar a reação usando uma solução de carbonato de potássio a 10% (m/v), operação que desprende CO_2. Filtrar o precipitado e colocar em um dessecador com cloreto de cálcio. O produto formado pode ser recristalizado se for dissolvido a quente, em uma mistura de 4 mL de álcool etílico e 8 mL de água e deixando resfriar em seguida. O rendimento é superior a 65% e o P.f. é de 91-92 °C.

Mecanismo:

Síntese de fenitoína

$C_{15}H_{12}N_2O_2$
PM: 252,27

Sinonímia: 5,5-difenil-2,4-imidazolidindiona; 5,5-difenilhidantoína.

Uso terapêutico: anticonvulsivante.

Solubilidade: praticamente insolúvel em água, pouco solúvel em álcool.

1ª fase: obtenção do benzilo.

2ª fase: obtenção da fenitoína.

Obtenção do benzilo

$C_{14}H_{10}O_2$
PM: 210,23

Procedimento: em um erlenmeyer de 200 mL, colocar a benzoína (10 g) e adicionar 25 mL de ácido nítrico concentrado. Aquecer em banho-maria, agitando ocasionalmente, até que não se desprendam mais vapores de óxidos de nitrogênio (em torno de uma hora). Colocar a mistura da reação em contato com água fria contida em um béquer (cerca de 100 mL). Agitar até que se cristalize um produto sólido amarelo. Filtrar a vácuo e lavar com água para remover o HNO_3. Recristalizar em álcool etílico ou metílico (em torno de 2,5 mL/mg). O rendimento do benzilo puro é de cerca de 9 g e seu P.f. é de 94-96 °C.

Reação:

Obtenção da fenitoína

Procedimento: em um balão munido de refrigerante a refluxo, colocar 45 mL de álcool etílico, 8,1 mL de solução de hidróxido de potássio a 70%, 2,3 g de uréia e 4,2 g de benzilo. Homogeneizar a mistura. Forma-se uma massa que, a quente, torna-se límpida. Aquecer sob refluxo por 3 horas. Adicionar água fria, precipitando o produto. Testar o filtrado adicionando água para verificar se a precipitação foi completa. Desprezar o precipitado constituído de difenilacetilendiuréina. Ao filtrado acrescentar, com agitação, ácido sulfúrico a 50%, até que ocorra uma reação ácida, monitorando com papel indicador de pH. Filtrar a difenilhidantoína que precipita e lavar com água gelada. Verificar se a operação foi quantitativa adicionando ao filtrado ácido sulfúrico a 50%. A lavagem, com água, deve ser feita até que o filtrado dê reação negativa com solução de cloreto de bário.

Mecanismo:

Purificação: em um béquer, colocar a fenitoína, 4,5 mL de água quente e 1,875 g de hidróxido de sódio. Aquecer em banho-maria até que ocorra a dissolução completa, acrescentando carvão ativo (0,3 g). Ferver por 15 minutos e filtrar a quente. Ao filtrado adicionar ácido sulfúrico a 50%, até precipitação do produto. Secar a 100 °C. O P.f. é de 295-298 °C.

Síntese do clofibrato

$C_{12}H_{15}ClO_3$
PM: 242,7

Sinonímia: éster etílico do ácido 2-(4-clorofenoxi)-2-metilpropanoico.

Uso terapêutico: antilipêmico.

Solubilidade: pouco solúvel em água, solúvel em etanol, clorofórmio e éter.

1ª fase: obtenção do ácido 4-clorofenoxiisobutírico.

2ª fase: obtenção do clofibrato.

Obtenção do ácido 4-clorofenoxiisobutírico

Procedimento: a um balão acoplado a um condensador, adicionar 4 g de *p*-clorofenol, 30 g de acetona anidra, 5 g de clorofórmio e 7 g de hidróxido de sódio em pastilhas. Aquecer a refluxo durante 4 horas. Eliminar, por destilação, o excesso de acetona. Adicionar 30 mL de água quente e filtrar. Resfriar o filtrado e acidificar com ácido clorídrico diluído (1:2). Verificar se a solução apresenta-se ácida com papel indicador de pH. Deixar no refrigerador para que o óleo, que se separa pela acidificação, solidifique. Lavar o precipitado com um pouco de água gelada e recristalizar em água fervente. O P.f. é de 117-118 °C.

Reação:

Obtenção do clofibrato (esterificação do ácido *p*-clorofenoxiisobutírico)

Procedimento: em um balão de 50 mL, adicionar o ácido *p*-clorofenoxiisobutírico obtido na primeira fase, etanol (6 mL) e uma gota de ácido sulfúrico concentrado. Aquecer a mistura sob refluxo por 2 horas. Evaporar o excesso de etanol em rotavapor e purificar o resíduo em coluna cromatográfica de sílica eluída com hexano. O rendimento é de 30% e o P.f. é de 148-150 °C.

Reação:

Síntese do ácido pícrico

$C_6H_3N_3O_7$
PM: 229,11

Sinonímia: 2,4,6-trinitrofenol, ácido picronítrico, ácido carbazótico.

Uso terapêutico: em queimaduras, em associação com anestésicos locais.

Solubilidade: pouco solúvel em água, solúvel em benzeno (1 g em 10 mL).

Procedimento: colocar 10 g de fenol em um balão seco de fundo chato de 750 mL, adicionar 23 g (12,5 mL) de ácido sulfúrico concentrado e agitar a mistura. Aquecer a mistura num banho de água em ebulição por 30 minutos para completar a formação de ácidos *o*- e *p*-fenossulfônicos. Esfriar o balão completamente numa mistura de gelo e água. Colocar o frasco sobre uma superfície não-condutora (um bloco de amianto ou de madeira) numa capela e, enquanto os ácidos fenossulfônicos ainda estão sob uma forma viscosa e xaroposa, adicionar 38 mL de ácido nítrico concentrado e misturar os líquidos imediatamente. Deixar a mistura em repouso, geralmente em 1 minuto ocorre uma reação vigorosa mas inofensiva, e desprendem-se vapores vermelhos em grande quantidade. Quando a reação se normalizar, aquecer o balão em banho de água em ebulição por 1,5 ou 2 horas, com agitação ocasional. O óleo pesado inicialmente formará uma massa de cristais. Adicionar 100 mL de água gelada e completar o resfriamento com um banho de gelo. Filtrar os cristais a vácuo e lavá-los com água para remover o ácido nítrico restante. Recristalizar com 100 mL de álcool etílico diluído em água (1:2). Filtrar o material purificado. Secar entre folhas de papel de filtro. O rendimento é de 16 g, o P.f. é de 122 °C.

Observação: é aconselhável manter o ácido pícrico úmido, contendo 10% de água, num frasco com rolha de cortiça, pois ele explode quando aquecido ou por percussão.

Mecanismo:

Sulfonação

Nitração

O ácido pícrico forma um complexo de adição com a butesina.

Picrato de butesina

Síntese da sacarina

$C_7H_5NO_3S$
PM: 183,19

Sinonímia: 1,1-dióxido de 1,2-benzisotiazol-3(2H)-ona.

Uso: Adoçante não calórico

Solubilidade: insolúvel em água.

1ª fase: obtenção da *o*-toluenossulfonamida.

2ª fase: obtenção da sacarina.

Obtenção da *o*-toluenossulfonamida

Procedimento: colocar 20 g de cloreto de *o*-toluenossulfonila em um balão de fundo redondo em banho-maria. Adicionar, cautelosamente, carbonato de amônia em pó, com agitação, até que a mistura adquira consistência e desapareçam os odores desagradáveis do cloreto de sulfonila. Deixar esfriar e extrair com água fria para remover o excesso de carbonato de amônia. Recristalizar a *o*-toluenossulfonamida, primeiramente com água quente (adicionar carvão ativo, se estiver com coloração escura) e, depois, com álcool etílico. Obtêm-se 16 g de produto puro e o P.f. é de 154 °C.

Obtenção da sacarina

Procedimento: colocar um béquer de 600 mL sobre uma tela de amianto e equipá-lo com um agitador mecânico, adicionar 12 g de *o*-toluenossulfonamida, 200 mL de água e 3 g de hidróxido de sódio. Agitar a mistura e aquecer a 30-40 °C, até que todo o material tenha se dissolvido (cerca de 30 minutos). Introduzir na mistura em agitação, em pequenas porções, 19 g de permanganato de potássio finamente pulverizado, em intervalos de 10 a 15 minutos. No início, o permanganato é rapidamente reduzido, mas ao se aproximar o final da reação, a redução é lenta. O tempo de adição é de aproximadamente 4 horas. Continuar a agitação por mais 2-3 horas e deixar a mistura em repouso. Filtrar o dióxido de manganês precipitado a vácuo e descorar o filtrado com a adição de uma solução de bissulfito de sódio. Neutralizar a solução com ácido clorídrico diluído monitorando com papel indicador de pH. Filtrar o ácido *o*-sulfonamidobenzoico (e/ou toluenossulfonamida) que pode precipitar nessa fase. Tratar o filtrado com ácido clorídrico concentrado até completar a precipitação da sacarina. Esfriar, filtrar a vácuo e lavar com um pouco de água gelada. Recristalizar com água quente. Obtêm-se 7,5 g de sacarina e o P.f. é de 228 °C.

Reação:

Síntese da fenolftaleína

$C_{20}H_{14}O_4$
PM: 318,33

Sinonímia: 3,3-bis(4-hidroxifenil)-1-(3H)-isobenzofuranona, 3,3-bis(*p*-hidroxi -fenil)fitalida.

Usos terapêuticos: catártico, laxante.

Uso em laboratório: indicador de pH.

Procedimento: em um balão de fundo redondo de 250 mL, contendo 16 g de fenol e 25 g anidrido ftálico, adicionar 11 mL (20 g) de ácido sulfúrico concentrado. Aquecer em banho de óleo a 115-120 °C durante 9 horas. Verter a mistura reacional, ainda quente, em 1 L de água quente contida em um béquer de 2 L e ferver até que o odor do fenol desapareça. Adicionar água para substituir a que foi evaporada durante o aquecimento. Esfriar e filtrar a vácuo o precipitado de cor amarela, lavá-lo com água. Dissolver o sólido em uma solução de hidróxido de sódio diluído e filtrar o resíduo não dissolvido (os subprodutos da reação). Acidificar o filtrado com ácido acético diluído e algumas gotas de ácido clorídrico diluído e deixá-lo em repouso durante a noite. A fenolftaleína impura se separa como um pó de aspecto arenoso, amarelo-claro. Filtrar e secar.

Reação:

Purificação: dissolver o produto obtido em seis vezes o seu peso em álcool etílico absoluto, adicionar pequena quantidade de carvão ativo e refluxar em banho-maria durante 1 hora. Filtrar a solução aquecida em funil de Büchner previamente aquecido, lavar o resíduo com duas partes em peso de álcool absoluto em ebulição e concentrar o filtrado e lavagens combinados a dois terços de seu volume, em banho-maria. Diluir a solução resfriada com oito vezes o peso de água fria (a solução ficará turva), agitar bem a mistura e, após deixar em repouso por alguns segundos, filtrar com um filtro úmido para remover o óleo resinoso que se separa. Aquecer o filtrado em banho-maria para evaporar a maior parte do álcool. A turvação desaparecerá e a fenolftaleína se separará sob forma de pó branco. Filtrar e secar. O rendimento é de 18 g e o P.f. é de 256-258 °C.

Síntese da aspirina

$C_9H_8O_4$
PM: 180,16

Sinonímia: ácido acetilsalicílico, ácido 2-(acetiloxi)-benzoico.

Usos terapêuticos: analgésico, antitérmico, anti-inflamatório e anticoagulante.

Solubilidade: pouco solúvel em água, solúvel em etanol.

Procedimento: colocar 10 g de ácido salicílico seco e 15 g (14 mL) de anidrido acético em um erlenmeyer de 250 mL. Adicionar 5 gotas de ácido sulfúrico concentrado e agitar o frasco, homogeneizando a mistura. Aquecer em banho-maria (50-60 °C) durante 15 minutos. Deixar a mistura reacional esfriar e agitar ocasionalmente. Adicionar 150 mL de água, agitar bem e filtrar a vácuo.

Reação:

Purificação: dissolver o sólido obtido em cerca de 30 mL de álcool etílico aquecido e verter a solução em cerca de 75 mL de água quente. Se ocorrer a separação de um sólido nessa fase, aquecer a mistura até completar a dissolução e deixar a solução esfriar lentamente. Os cristais se separarão sob a forma de agulhas. O rendimento é de 13 g. A faixa de fusão é de 128 a 135 °C. O ácido acetilsalicílico não possui um ponto de fusão real, porque à medida que ocorre o aquecimento ocorre também a deacetilação do produto formado.

Síntese do paracetamol

$C_8H_9NO_2$
PM: 151,17

Sinonímia: acetaminofeno, N-(4-hidroxifenil)acetamida, 4-hidroxiacetanilida, *p*-acetamidofenol, *p*-acetilaminofenol, N-acetil-*p*-aminofenol.

Usos terapêuticos: analgésico, antitérmico.

Procedimento: em um Erlenmeyer de 250 mL, colocar 11 g de *p*-aminofenol, 30 mL de água e 12 mL de anidrido acético. Agitar a mistura vigorosamente e aquecer em banho-maria. O sólido se dissolve. Após 10 minutos, esfriar em banho de gelo e filtrar o derivado acetilado a vácuo. Lavar com um pouco de água fria. Recristalizar com água quente (cerca de 7,5 mL) e secar em papel de filtro. O rendimento do paracetamol é de 14 g e seu P.f. é de 169 °C.

Reação:

Síntese da N$_4$-succinilsulfanilamida

C$_{10}$H$_{12}$O$_5$N$_2$S
PM: 274,26

Sinonímia: *p*-succinilaminobenzenossulfonamida

Solubilidade: pouco solúvel em água.

Procedimento: em um erlenmeyer de 100 mL, dissolver 1,72 g de sulfanilamida em 10 mL de água destilada aquecida a 80 °C. Acrescentar aos poucos 1 g de anidrido succínico, agitando continuamente. Ao final da reação, a succinilsulfanilamida precipitará. Deixar esfriar à temperatura ambiente. Adicionar uma solução de carbonato de sódio a 10% até que o produto se dissolva. Filtrar para separar a sulfanilamida que não reagiu. Tratar o filtrado com uma solução de ácido clorídrico a 10%. A succinilsulfanilamida precipitará (em torno de 20 mL). Filtrar novamente, lavando o produto com pequenas porções de água gelada. Secar em estufa. O rendimento é de aproximadamente 2 g e o P.f. é de 202 °C.

Reação:

Síntese da benzanilida

C₁₃H₁₁NO
PM: 197,27

$C_{13}H_{11}NO$
PM: 197,27

Sinonímia: N-fenilbenzamida, N-benzoilanilina.
Uso: produção de perfumes e corantes.

Procedimento (reação de Schotten-Baumann): colocar 5,2 g (5 mL) de anilina e 45 mL de solução aquosa de hidróxido de sódio a 10% em um erlenmeyer com gargalo esmerilhado. Adicionar 8,5 g (7 mL) de cloreto de benzoíla, fechar o frasco adequadamente e agitar vigorosamente por 10 a 15 minutos. Desprende-se calor da reação. O derivado de benzoíla impuro separa-se como um pó branco. Quando a reação estiver completa (*i.e.*, quando todo o odor do cloreto de benzoíla desaparecer), verificar se o pH da mistura está alcalino. Diluir com água. Filtrar o produto a vácuo em funil de Büchner, fragmentar a massa no funil (se necessário), lavar com água e secar. Recristalizar com etanol quente ou metanol. Filtrar a solução quente com um funil aquecido ou um funil de água quente. Recolher os cristais que se separam e secar ao ar ou num forno a vapor. O rendimento de benzanilida é de 9 g e seu P.f. é de 162 °C.

Reação:

NaOH

Referências bibliográficas

BARBOSA, L. C de A. *Química orgânica*. Viçosa, UFV, 1998.

BRITISH Pharmacopeia. International Edition, 1988.

GALIMBERTI, F. e DEFRANCESCHI, A. *Gass. Chim. Ital.* v.77. 1947. p.431.

GIRAL e ROJAM. *Produtos químicos y farmacêuticos*. Atlante, 1956.

J. Am. Chem. Soc. v.77. 1955. p.6644.

KENT, J. A. *Química industrial*. Barcelona, Grijalbo S.A., 1964.

KOROLKOVAS, A. e BUCKHALTER, J. H. *Química farmacêutica*. Rio de Janeiro, Guanabara Koogan S.A.

LEHMAN, J.W. *Operational Organic Chemistry*. 3.ed. Printice Hall, 1999.

MERCK & CO. Inc. N. J. U. S. A. Whitehouse Station, 1996.

VOGEL, J. A. *Química orgânica*. 3.ed. Rio de Janeiro, Ao Livro Técnico S.A., 1971.

CAPÍTULO 4

Identificação espectrométrica de substâncias

César Cornélio Andrei e Milton Faccione

Introdução

Todas as vezes que um pesquisador se defronta com uma substância, algumas questões devem ser resolvidas, dentre elas sua purificação e identificação. Na identificação, pelo menos três técnicas são utilizadas habitualmente: a espectrometria de ressonância magnética nuclear (RMN), de hidrogênio (^{1}H) e de carbono (^{13}C); a espectrometria no infravermelho (IV) e a espectrometria de massas (EM). Todas essas técnicas experimentais resultam em um espectro e o pesquisador deve saber interpretá-lo. Essas análises também são úteis no controle de qualidade de produtos, relacionado a pureza, e para quantificar princípios ativos. Neste capítulo, iremos abordar alguns aspectos teóricos sobre essas técnicas e mostrar os procedimentos para a interpretação dos espectros.

Inicialmente, qualquer técnica a ser empregada na determinação estrutural necessita que a amostra apresente alto grau de pureza, sem o qual, na maioria das vezes a interpretação dos espectros pode se tornar inviável. Atualmente, este requisito tem sido atendido com o emprego de técnicas cromatográficas preparativas de alta eficiência ou resolução, tais como cromatografia líquida de alta eficiência (CLAE), cromatografia em coluna (CC) Lobar, cromatografia em placa preparativaradial (Cromatotron), cromatografia líquida contra-corrente, cromatografia com fluido supercrítico etc.

Também relacionado à purificação e à análise, cabe ressaltar o emprego cada vez maior e frequente de técnicas cromatográficas acopladas às espectrométricas. Nesses casos, atual e rotineiramente, vem sendo empregada as técnicas de cromatografia com fases gasosa (CG) e líquida (CLAE), acopladas à espectrometria de massas.

Há poucas décadas, devido à pequena evolução ou inexistência das técnicas de elucidação estrutural e sem os recursos da informática atual, os pesquisadores tinham muita dificuldade para determinar as estrutura das substâncias que estavam manipulando, pois as técnicas de identificação estrutural baseavam-se nas propriedades físicas e químicas das substâncias. Por exemplo, para caracterizar o ácido acetilsalicílico, além do ponto de fusão e da solubilidade, a reação de hidrólise desse ácido fornecia como produto o ácido salicílico, que por sua vez podia ser comparado com um padrão existente.

Atualmente, para a utilização das técnicas modernas, o pesquisador deve, além de ter algum conhecimento sobre o funcionamento do equipamento e sobre os fundamentos da técnica, conhecer informática o suficiente para conseguir manusear os equipamentos, além de saber interpretar corretamente os espectros resultantes de cada uma das análises efetuadas.

Cada uma das técnicas tem sua utilidade e a soma das informações, obtidas em cada uma delas, resulta no entendimento da estrutura, tal qual a montagem de um quebra-cabeça.

O IV, por exemplo, nos fornece informações sobre os grupos funcionais presentes, tais como grupamentos carbonila, insaturações (duplas e triplas ligações), anéis aromáticos, presença de hidroxilas e de alguns heteroátomos, além de outros grupos funcionais.

A RMN^{1}H nos fornece informações sobre o número, o tipo e a vizinhança dos hidrogênios, o que nos auxilia na determinação estrutural, bem como pode nos dar informações sobre a estereoquímica da substância analisada. A RMN^{13}C nos indica o número de carbonos do esqueleto e, dependendo da técnica utilizada, o número de hidrogênios ligados a cada um dos átomos de carbono.

As técnicas de ressonância podem pertencer às classes unidimensional e bidimensional. Na primeira, os espectros de hidrogênio e carbono fornecem informações basicamente relacionadas aos seus núcleos atômicos; enquanto na segunda, as principais informações referem-se à conectividade entre os núcleos, ou seja, quais núcleos atômicos encontram-se ligados entre si e a quantas ligações.

Espectrometria de ressonância magnética nuclear

A técnica de RMN surgiu no final da década de 1940, início da década de 1950, como um aparelho rudimentar e sem, evidentemente, sistema de informática. Este novo recurso começaria a ser utilizado somente em 1960. O princípio básico (Fig. 4.1) mantém-se até os dias de hoje e a ele, foram acrescentados "apenas" alguns elementos, tais como os magnetos supercondutores, refrigerados com hélio líquido (Fig. 4.2) e os sistemas de informação.

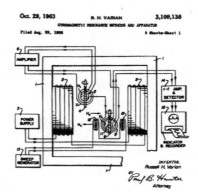

FIGURA 4.1 Desenho de Russel Varian que faz parte do processo de patente dos equipamentos de RMN.

FIGURA 4.2 Magneto supercondutor de 900 MHz.

RMN clássica

Todos os núcleos possuem carga. Alguns, girando em torno do próprio eixo, geram um dipolo magnético ao longo do eixo gravitacional, semelhantemente ao que acontece na Terra (Fig. 4.3). O momento angular pode ser descrito pelo número de *spin I*, que pode assumir os valores 0, 1/2, 1, 3/2 etc. Cada próton e cada nêutron tem seu próprio número de *spin* e *I* é a soma resultante deles. Se a soma do *spin* de prótons e nêutrons for um número par, *I* será zero ou inteiro. Se a soma for ímpar, *I* terá valores fracionários e, portanto, haverá sinal na RMN.

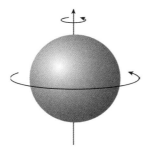

FIGURA 4.3 A movimentação da carga no próton produz um dipolo magnético.

Os núcleos do ^1H e do ^{13}C possuem número de *spin I* igual a $^1/_2$; isso significa que eles podem ter duas orientações quando submetidos a um campo magnético externo: a favor ou contra o campo (Fig. 4.4).

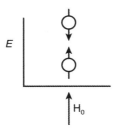

FIGURA 4.4 Posicionamento dos núcleos frente a um campo aplicado H_0.

Quando esses núcleos submetidos a um campo magnético externo, forte e uniforme, eles sofrem o fenômeno da precessão (Fig. 4.5) em torno do eixo do campo magnético aplicado.

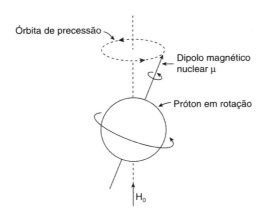

FIGURA 4.5 O fenômeno da precessão.

Um oscilador em espiral, que esteja formando um ângulo de 90° com o eixo do campo magnético principal (H_0), produzirá um campo magnético oscilante linear (H_1) ao longo do eixo da espiral. Se H_0 for mantido constante, ao variarmos a frequência do oscilador, a velocidade angular do componente do campo magnético giratório H_1 também variará até entrar em ressonância. Neste ponto, há absorção de energia e o núcleo passa a um nível energético mais elevado. Com o incremento de H_1, cessa a ressonância e o núcleo sofre um processo de relaxamento, voltando ao nível energético inicial. A liberação de energia que ocorre durante o processo de relaxação nuclear é registrada na forma de um pico.

RMN moderna

Os aparelhos de RMN modernos funcionam com campos magnéticos potentes e variados (200, 300, 400, 500, 600, 900 MHz até espectrômetros que alcançam campos de GHz), gerados por cerâmicas supercondutoras mantidas a ultrabaixas temperaturas, sob hélio líquido. Eles têm como vantagem a capacidade de analisar pequenas quantidades de substâncias, por vezes até com menos de 1 mg, dependendo do tipo de espectro a ser adquirido. Essa condição é resultante da potência do campo gerado e do uso da aquisição de espectros na forma de pulsos muito rápidos. Esses pulsos são acumulados como uma função matemática FID (*free induction decay*) e, em seguida, transformados em espectros quando tratados com uma transformada de Fourier (FT). Nessas condições de aquisição de espectros pulsados, todos os núcleos são excitados simultaneamente, e com o cessar do pulso, eles voltam ao estado energético inicial. Como cada núcleo relaxa de forma diferente, o sinal total é recebido e interpretado pelo sistema de computação que transforma a soma de muitos espectros semelhantes em um único e correto espectro. Nessas análises o solvente não pode conter hidrogênios; por isso são utilizados solventes deuterados.

Deslocamento químico

Os núcleos têm uma blindagem, provocada pelos elétrons que os circundam, que é variável com a vizinhança, espacial ou de grupos vizinhos. Essa blindagem facilita ou dificulta a entrada dos núcleos em ressonância, o que resulta, portanto, em posições específicas de deslocamento para cada tipo de núcleo. O deslocamento dos sinais é determinado em relação à absorção do tetrametilsilano (TMS), que foi convencionado a absorver em 0 ppm. (Fig. 4.6 e Tab. 4.1).

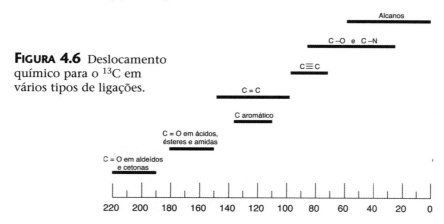

FIGURA 4.6 Deslocamento químico para o ^{13}C em vários tipos de ligações.

Tabela 4.1 Deslocamentos químicos característicos de alguns hidrogênios

Tipo de próton		Deslocamento químico δ (ppm)
Ciclopropano		0,2
Primário	R — CH$_2$ — H	0,9
Secundário	R$_2$ — CH — H	1,3
Terciário	R$_3$ — C — H	1,5
Vinílico	C = C — H	4,6-5,9
Acetilênico	C ≡ C —- H	2-3
Aromático	Ar — H	6-8,5
Benzílico	Ar — C — H	2,2-3
Alílico	C = C — C — H	1,7
Fluoraletos	F — C — H	4-4,5
Cloroaletos	Cl — C — H	3-4
Bromoaletos	Br — C — H	2,5-4
Iodoaletos	I — C — H	2-4
Álcoois	HO — C — H	3,4-4
Éteres	RO — C — H	3,3-4
Ésteres	RCOO — C — H	3,7-4,1
Ésteres	H — C — COOR	2-2,2
Ácidos	H — C — COOH	2-2,65
Carbonílicos	H — C — C = O	2-2,7
Aldeídicos	R — CO — H	9-10
Hidroxílicos	RO — H	1-5,5
Fenólicos	ArO — H	4-12
Enólicos	C = C — O — H	15-17
Carboxílicos	RCOO — H	10,5-12
Amínico	RNH — H	1-5

Multiplicidade

Cada hidrogênio, em seu deslocamento típico, pode aparecer no espectro como um sinal único ou múltiplo, dependendo do número de hidrogênios vizinhos e da sua condição química e magnética.

Na análise da molécula do acetato de etila, por exemplo, o grupamento metila vizinho à carbonila aparece como um sinal único (singleto). Nesse caso, os três hidrogênios, além de não possuírem nenhum hidrogênio vizinho por estarem ligados ao mesmo átomo de carbono, são química e magneticamente equivalentes, portanto, eles absorvem na mesma frequência, ou seja, apresentam o mesmo deslocamento químico (1,93 ppm).

No grupamento etil, o sinal do grupamento metileno ($-CH_2$) aparece desdobrado em quatro linhas (quarteto), em 4,03 ppm, pois ele tem como vizinho um grupamento metil ($-CH_3$). Por sua vez, o grupo metil, vizinho do grupamento $-CH_2$, tem dois hidrogênios vizinhos e aparece como um sinal triplo (tripleto) em 1,21 ppm. Esses sinais têm intensidades relativas pré-definidas pelo triângulo de pascal (fig. 4.7).

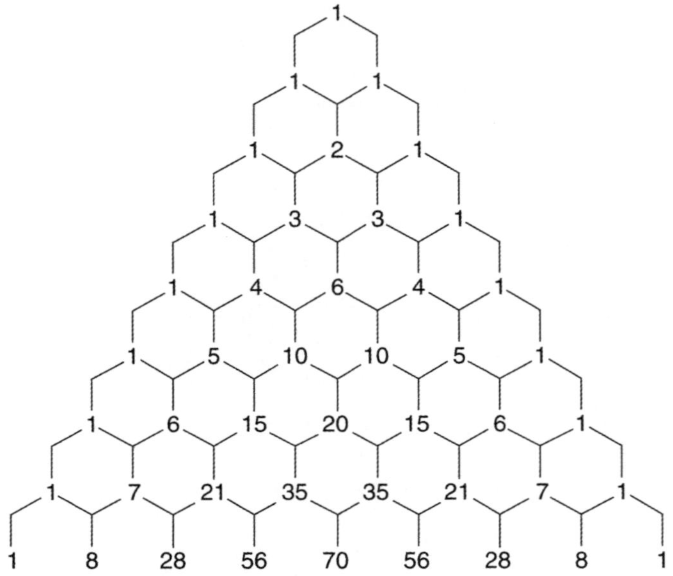

FIGURA 4.7 Triângulo de Pascal. Intensidades relativas dos sinais múltiplos de primeira ordem originados pelo acoplamento de *n* núcleos de spin 1/2.

Integração

Cada sinal do espectro pode representar um ou mais hidrogênios que absorvem na mesma frequência, ou seja, no mesmo deslocamento químico. A integração, em princípio, define o número de núcleos de hidrogênio presentes em cada sinal, sendo que este dado pode ser fornecido como uma curva gráfica ou simplesmente com um valor numérico. Um pico é escolhido como área-padrão e a este é atribuído o valor unitário; por meio de comparações da área de integração dos demais picos com a área-padrão, os outros valores serão estabelecidos. Por exemplo, no espectro do acetato de etila, a integração que deve aparecer é de 3:2:3 (ou múltipla desta, como 1,5:1:1,5), referente aos $-CH_3$, $-CH_2$ e $-CH_3$.

Técnicas de RMN

Em espectros de hidrogênio e de carbono podem ser aplicadas diversas técnicas (uni-, bi- e tridimensionais). A título de ilustração, citaremos algumas das principais técnicas e suas aplicações.

Técnicas unidimensionais

- **APT** (*Attached Proton Test*): determina o número de hidrogênios ligados diretamente a um núcleo de carbono.

- **DEPT** *(Distorsionless Enhancement by Polarization Transfer):* informa, em espectros distintos, quais são os carbonos mono-, di- e triidrogenados.
- **Pendant** *(Polarization Enhancement That Is Natured During Attached Nucleos Testing)*: informa basicamente o mesmo que o DEPT, acrescido do espectro de carbono não hidrogenado.
- **NOE** *(Nuclear Overhauser Effect)*: técnica para determinar acoplamentos espaciais entre núcleos de hidrogênio por meio do desacoplamento parcial de um dos núcleos e consequente ampliação no sinal do outro.

Técnicas bidimensionais

- **COLOC** *(Correlation Spectroscopy Via Long-Range Couplings)*: correlaciona núcleos de carbono e hidrogênio a uma, duas e três ligações.
- **COSY** *(Correlated Spectroscopy)*: correlaciona núcleos de hidrogênio acoplados (Homocor, *Homonuclear Correlation*) e hidrogênios ligados diretamente a carbonos (Hetcor, *Heteronuclear Correlation*).
- **HOHAHA** *(Homonuclear Hartmann-Hahn Spectroscopy)*: técnica bastante empregada para açúcares ou moléculas semelhantes, que mostra a conectividade de hidrogênios e carbonos ligados em sequência.
- **INADEQUATE** *(Incredible Natural Abundance Double Quantum Transfer Experiment)*: mostra o acoplamento entre núcleos de carbono, que possibilita o mapeamento ou sequenciamento de todos os carbonos da molécula.
- **NOESY** *(Nuclear Overhauser Effect Spectroscopy)*: espectro NOE bidimensional.

Espectrometria no infravermelho

Equipamento

O equipamento de infravermelho (IV) é um conjunto composto de uma fonte de radiação infravermelha, produzida por um filamento aquecido eletricamente, geralmente um filamento de zircônio, tório ou césio, que passa por um sistema de espelhos, lentes, filtros e pela amostra, conforme esquema mostrado na Figura 4.8. Os espectrômetros modernos trabalham com um feixe duplo: um é de referência e o outro que passa pela amostra.

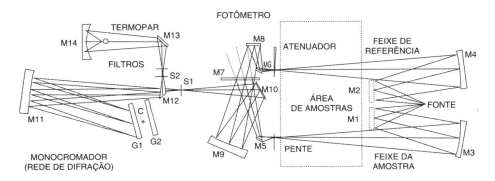

FIGURA 4.8 Esquema de um espectrômetro no infravermelho de duplo feixe.

Qualquer mudança na intensidade da radiação de energia, devida à diferença de absortividade entre a referência e a amostra, é detectada na forma de uma banda.

O espectro obtido pode ser adquirido na forma de uma única varredura contínua (nos espectrômetros mais antigos) ou, como citado anteriormente, pela acumulação de espectros na forma de pulso com a utilização da transformada de Fourier (FT).

Tipos de absorção

Duas absorções principais são observadas nas moléculas quando elas são submetidas à radiação infravermelha: a deformação axial e a deformação angular. A deformação axial resulta do estiramento das ligações segundo o eixo da ligação δ. Num grupamento metila, por exemplo, essa banda de absorção deve ocorrer na faixa de 3.000 a 2.840 cm^{-1}. A deformação angular resulta do movimento lateral relativo ao eixo da ligação δ, mudando os ângulos das ligações do carbono, seja qual for sua hibridização (sp^3 ou sp^2). Dois tipos de deformação angular são possíveis: a deformação simétrica, quando os átomos movimentam-se em fase; e a deformação assimétrica, quando os átomos movimentam-se fora de fase. Para o grupamento metila, a deformação angular simétrica aparece em uma banda em 1.375 cm^{-1}, enquanto a deformação assimétrica resulta na absorção da energia em 1.450 cm^{-1}. Há outros tipos de deformação, mas são de menor importância para nossos estudos.

Como pode se concluir da análise feita, o espectro no infravermelho é um conjunto de bandas resultantes das vibrações moleculares, axiais e angulares (simétricas ou assimétricas).

Dessa forma, pode-se deduzir que cada grupo funcional, pela sua simplicidade ou pela sua complexidade, apresenta um conjunto de bandas de absorções diferentes, uma região e intensidades de absorção características no espectro no infravermelho.

As absorções características dos grupos funcionais de cada molécula, em valores aproximados, estão tabeladas na literatura das referências bibliográficas.

Espectrometria de massas

Equipamento

O espectrômetro de massas é um equipamento no qual o princípio de obtenção do espectro é diferente dos anteriores. Ao invés da emissão de energia, ocorre um bombardeamento da amostra com um feixe de elétrons, sendo que a quantidade de energia pode alcançar até 70 eV.

Como resultado direto da aplicação dessa energia, ocorre a fragmentação da molécula em espécies positivas, que são registradas quantitativamente originando, dessa forma, um espectro. A separação dos fragmentos positivos é feita pela relação massa/carga (*m/z*). Os espectrômetros de massas estão classificados de acordo com o tipo de separação das partículas: deflexão do campo magnético e deflexão do campo magnético associado a campo eletrostático, tempo de descarga e quadrupolo.

Esses equipamentos devem ter grande sensibilidade, o suficiente para que o pesquisador consiga ler, no espectro, pelo menos uma unidade de massa corretamente.

No espectro de massas, a altura dos picos é proporcional ao número da espécie que colide com o detector, sendo o de maior abundância denominado de Pico Base. O evento mais simples é a remoção de um único elétron com a formação do íon molecular, que representa o peso molecular da substância em análise.

Pode-se considerar a espectrometria de massas um verdadeiro quebra-cabeça, pois após a fragmentação da molécula, precisa-se localizar e identificar os fragmentos de forma a remontar e propor uma estrutura.

Uma esquematização básica de um espectrômetro de massas está representada na figura a seguir.

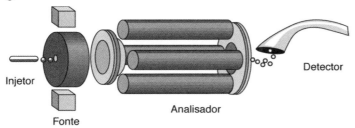

Figura 4.9 Esquematização de um espectrômetro de massas.

As moléculas orgânicas podem ser fragmentadas de diversas formas, dependendo das funções presentes nelas e da estabilidade dos íons que serão gerados. Na Tabela 4.2 são apresentados alguns íons mais comuns; tabelas completas podem ser encontradas nas referências bibliográficas.

Tabela 4.2 Alguns fragmentos de massas mais representativos

FRAGMENTOS IÔNICOS MAIS COMUNS	
1 – H	35 – Cl
14 – CH_2	36 – HCl
15 – CH_3	42 – $CH_2=CH—CH_3$
17 – OH	43 – Propil e isopropil
18 – H_2O, NH_4	44 – CO_2
28 – $CH_2=CH_2$, CO	45 – CO_2H
29 – CH_5-CH_2, CHO	46 – NO_2
30 – CH_2O	77 – C_6H_5
31 – CH_2OH, OCH_3	91 – C_7H_7

Metodologia de identificação de alguns fármacos

A determinação estrutural de substâncias orgânicas, tais como fármacos, baseada na análise de espectros, pode ser feita com diversas estratégias.

Não existe especificamente uma sequência principal para a análise. Nos trabalhos de elucidação estrutural de moléculas orgânicas, pode-se propor que a discussão seja feita a partir dos espectros mais informativos (RMN e EM) até os menos informativos (IV e UV, este último quando necessário).

Para uma melhor visualização do emprego dessas técnicas, foram selecionados exemplos da determinação estrutural de doze princípios ativos conhecidos e intermediários de síntese de fármacos: ácido acetilsalicílico (analgésico e antipirético), acetaminofeno (analgésico e antipirético), benzanilida (manufatura de corantes e perfumes), cânfora (agente revulsivo), clofibrato (antilipêmico), fenitoína (anticonvulsivante), propranolol (antianginoso e antiarrítmico), sacarina (adoçante), sulfanilamida (antimicrobiano), cafeína (estimulante do sistema nervoso central), eugenol (antimicrobiano) e lapachol (anticancerígeno).

Ácido acetilsalicílico

O espectro de ressonância de carbono (RMN^{13}C) (Fig. 4.10) mostra a presença de nove picos, apesar da quase coincidência dos sinais em 169,7 e 170,2 ppm. Uma análise superficial mostra um carbono protegido em 21,0 ppm, que representa a metila do grupamento acetil; seis sinais na região dos carbonos insaturados, representando os carbonos do anel benzênico; e dois, como dito anteriormente, praticamente superpostos, atribuídos às carbonilas de éster e ácido. Essas atribuições estão de acordo com cálculos, que podem ser feitos pelo uso de fórmulas empíricas, e com modelos já definidos em literatura.

No caso dos seis sinais dos carbonos do anel benzênico, ainda podemos concluir que os sinais referentes aos carbonos aromáticos em 122,3, 124,0 e 126,2 ppm são facilmente atribuídos àqueles em *orto* e *para* ao grupamento éster, uma vez que ele conta com o efeito doador de elétrons do átomo de oxigênio. Consequentemente, os sinais em 132,5 e 134,9 ppm, *meta* ao referido oxigênio, encontram-se mais desprotegidos. O sinal em 151,3 ppm, desprotegido, deve ser correlacionado a um carbono aromático ligado a um átomo de oxigênio, pois o forte efeito de indução desse elemento prevalece.

Aos dois carbonos mais desprotegidos do espectro (carboxila do ácido e carbonila do éster) são atribuídos os sinais 169,7 e 170,2 ppm.

O espectro de ressonância de hidrogênio (RMN^{1}H) (Fig. 4.11), como esperado, apresenta sinais apenas na região de campo baixo, do anel aromático e um singleto referente a metila α a carbonila do éster em campo alto.

Entre 7,0 e 8,0 ppm os quatro átomos de hidrogênios aromáticos tornam-se ainda mais evidentes se observarmos a curva de integração bastante nítida e proporcional aos mesmos.

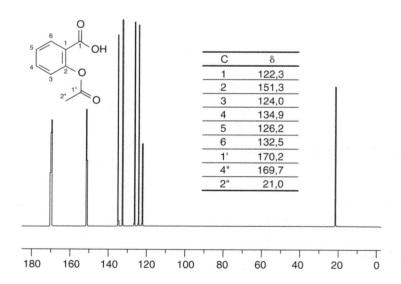

C	δ
1	122,3
2	151,3
3	124,0
4	134,9
5	126,2
6	132,5
1'	170,2
4"	169,7
2"	21,0

FIGURA 4.10 Espectro de RMN^{13}C do ácido acetilsalicílico (obtido no *site*: *http://www.aist.go.jp/RIODB/SDBS/sdbs/owa/sdbs_sea.cre_frame_sea*) e tabela de deslocamentos químicos para os carbonos da estrutura.

O efeito de blindagem do oxigênio do grupamento éster, como observado no espectro de carbono, protege H-3 e H-5 (7,14 e 7,35 ppm), enquanto o mesmo não ocorre para H-4 e H-6 (7,62 e 8,12 ppm). As feições esperadas para esses sinais são de dois duplo-dubletos para H-3 e H-6 e dois tripletos para H-4 e H-5. A metila, sem apresentar nenhum núcleo de hidrogênio próximo para o acoplamento, é representada pelo singleto observado no espectro.

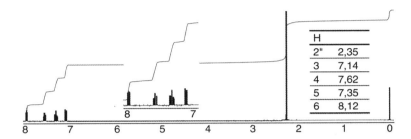

H	
2"	2,35
3	7,14
4	7,62
5	7,35
6	8,12

Figura 4.11 Espectro de RMN^{1}H do ácido acetilsalicílico (reproduzido com autorização da Sigma-Aldrich), com expansão dos sinais dos hidrogênios aromáticos e tabela de deslocamentos químicos para os hidrogênios da estrutura.

O espectro de massas (EM) (Figs. 4.12 e 4.13) confirma o peso molecular da substância, observando o íon molecular (M$^{.+}$ 180), correspondente à fórmula molecular C$_9$H$_8$O$_4$. A saída de ceteno com um rearranjo 1,3 de hidrogênio origina o fragmento m/z 138; na sequência, uma desidratação com provável ciclização em uma β-lactona fornece o pico-base do espectro. Outros fragmentos observados no espectro podem ser justificados a partir de reações de degradação da molécula (Fig. 4.13).

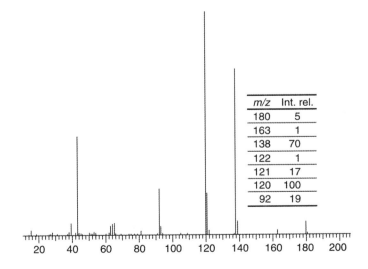

m/z	Int. rel.
180	5
163	1
138	70
122	1
121	17
120	100
92	19

Figura 4.12 EM do ácido acetilsalicílico (obtido no *site http://www.aist.go.jp/riodb/sdbs/sdbs/owa/sdbs_sea.cre_frame sea*) e tabela com os principais fragmentos observados.

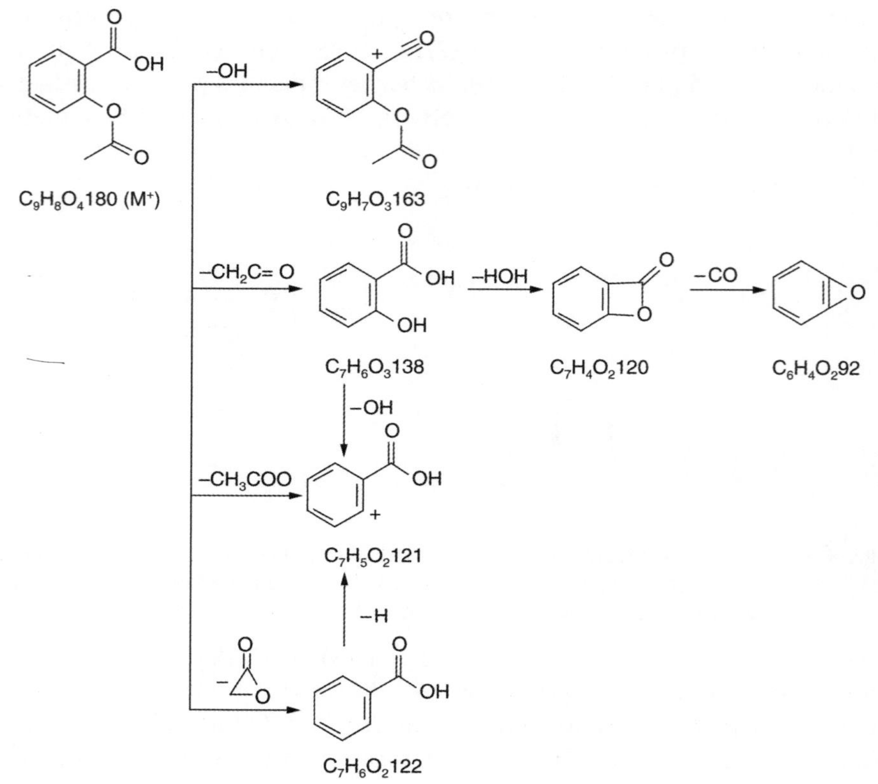

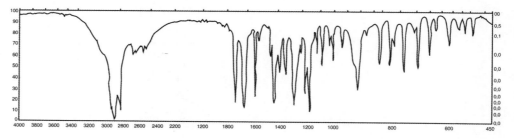

FIGURA 4.13 Propostas de mecanismos de fragmentação do ácido acetilsalicílico no EM.

No espectro no infravermelho (IV) (Fig. 4.14) podem ser ressaltadas, principalmente, as bandas referentes à hidroxila da carboxila ácida (3.400-2.300 cm^{-1}/OH), aos dois grupamentos C=O (1.750 cm^{-1}/COOCH$_3$ e 1.700 cm^{-1}/COOH) e ao anel benzênico (1.600 e 1.450 cm^{-1}).

FIGURA 4.14 Espectro no IV do ácido acetilsalicílico
(reproduzido com autorização da Sigma-Aldrich).

Acetaminofeno

O espectro de RMN^{13}C (Fig. 4.15) apresenta seis sinais referentes aos oito carbonos da molécula. Devido a ausência de dois sinais e com a análise da estrutura, chega-se à conclusão de que dois carbonos são equivalentes, ou seja, aos carbonos 2/6 e 3/5 foram atribuídos, respectivamente, os valores 114,9 e 120,9 ppm.

Os grupos -OH e -NH, sendo doadores de elétrons via efeito mesomérico, tendem a proteger as posições *orto* e *para* relativas aos carbonos aos quais se encontram ligados. É interessante notar que o efeito de blindagem do nitrogênio é menor que o do oxigênio, ou seja, a conjugação do nitrogênio com a carbonila diminui a doação eletrônica ao anel aromático.

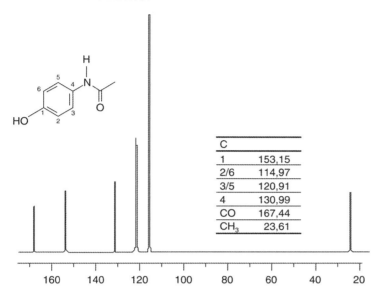

C	
1	153,15
2/6	114,97
3/5	120,91
4	130,99
CO	167,44
CH$_3$	23,61

Figura 4.15 Espectro de RMN^{13}C do acetominofeno (obtido no *site*: *http://www.aist.go.jp/RIODB/SDBS/sdbs/owa/sdbs_sea.cre_frame_sea)* e tabela de deslocamentos químicos para os carbonos da estrutura.

Igualmente simples é o espectro da RMN^{1}H (Fig.4.16), também devido a simetria da molécula. Nesse espectro, constam os singletos referentes a metila, à hidroxila fenólica e ao -NH amídico. Além desses sinais, observam-se dois dubletos atribuídos aos hidrogênios aromáticos equivalentes. Novamente a diferença de efetividade na doação eletrônica por mesomeria, observada no espectro de carbono, é verificada pela maior blindagem de H-2/6 (6,68 ppm), em comparação ao deslocamento químico de H-3/5 (7,35 ppm).

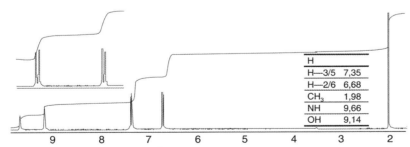

H	
H—3/5	7,35
H—2/6	6,68
CH$_3$	1,98
NH	9,66
OH	9,14

Figura 4.16 Espectro de RMN^{1}H do acetaminofeno (reproduzido com autorização da Sigma-Aldrich), com expansão dos sinais dos hidrogênios aromáticos e tabela de deslocamentos químicos para os hidrogênios da estrutura.

A massa ímpar (M$^{.+}$ 151), referente ao íon molecular, é coerente com a presença de um número também ímpar de átomos de nitrogênio, no caso, apenas 1. O EM (Fig. 4.17) indica que a molécula é bastante estável, uma vez que o número de picos observados é pequeno.

As propostas de fragmentação (Fig. 4.18) da molécula justificam a formação do pico base (*m/z* 109) com a perda de ceteno, como no caso anterior do ácido acetil-salicílico. A formação do fragmento em *m/z* 81 pode ocorrer a partir de um equilíbrio inicial ceto-fenólico, com posterior saída de CO concomitante à contração do anel.

De forma semelhante aos dois picos anteriormente citados, a Figura 4.18 mostra a formação dos picos em *m/z* 108 e 80.

Por fim, observa-se o pico em *m/z* 43, correspondente à unidade acetila inicialmente ligada ao átomo de nitrogênio.

m/z	int. rel.
151	44
109	100
108	11
81	9
80	12
43	15

```
25        50        75        100       125       150
```

FIGURA 4.17 Espectro de EM do acetaminofeno (obtido no *site*: *http://www.aist.go.jp/RIODB/SDBS/sdbs/owa/sdbs_sea.cre_frame_sea*) e tabela com os principais fragmentos observados.

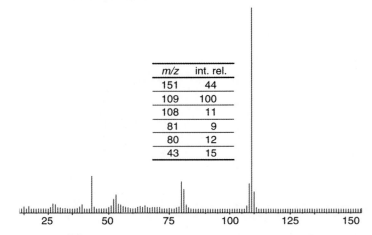

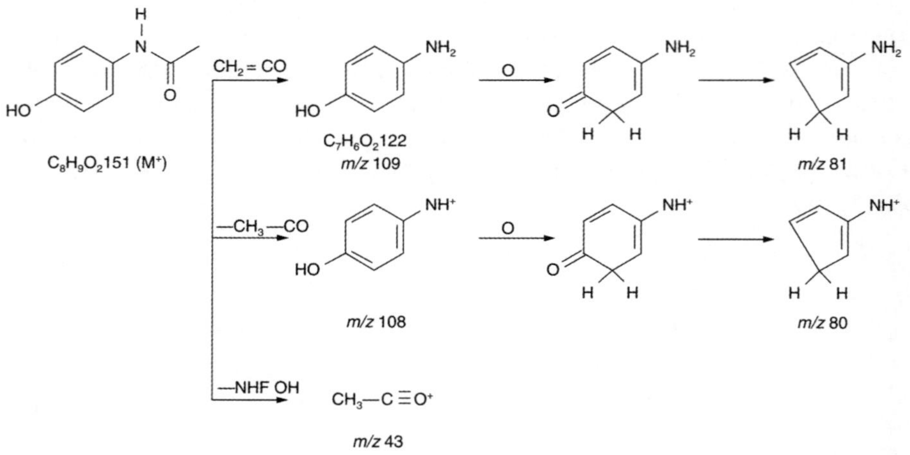

FIGURA 4.18 Propostas de mecanismos de fragmentação do acetaminofeno no EM.

O espectro no IV (Fig.4.19) apresenta bandas características das principais funções observadas na molécula. O sinal fino em 3.350 cm^{-1} pode ser atribuído ao estiramento da hidroxila fenólica. A seguir, uma banda larga entre 3.300 e 3.000 cm^{-1} é característica do estiramento da ligação N-H. A carbonila amídica foi caracterizada pela banda em 1.660 cm^{-1}. Por fim ao anel aromático foram atribuídas as bandas em 1.600, 1.500 e 1.450 cm^{-1}.

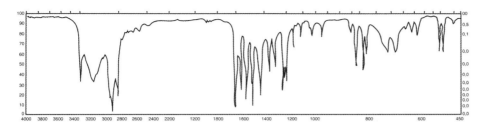

FIGURA 4.19 Espectro no IV do acetaminofeno (reproduzido com autorização da Sigma-Aldrich).

Benzanilida

O espectro da RMN^{13}C (Fig. 4.20) da benzanilida evidencia a simetria da molécula através dos deslocamentos químicos dos carbonos 2/6, 2'/6', 3/5, e 3'/5' (127,5, 120,3, 128,3 e 128,5 respectivamente). Apesar da molécula contar com dois anéis aromáticos monossubstituídos, os deslocamentos químicos dos carbonos são bastantes característicos em cada anel. A fenila ligada à carbonila mostra maior desblindagem para os carbonos 2/6 e 4 do que aqueles de posição análoga do anel ligado ao nitrogênio em 2'/6' e 4'. Já para 3/5 e 3'/5' não se observa diferença representativa por essas posições não serem afetadas pelo efeito mesomérico doador (N-H) ou retirador (C=O) de elétrons.

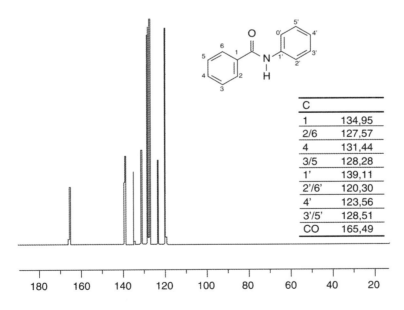

C	
1	134,95
2/6	127,57
4	131,44
3/5	128,28
1'	139,11
2'/6'	120,30
4'	123,56
3'/5'	128,51
CO	165,49

FIGURA 4.20 Espectro de RMN^{13}C da benzanilida (obtido no *site: http://www.aist.go.jp/RIODB/SDBS/sdbs/owa/sdbs_sea.cre_frame_sea*) e tabela de deslocamentos químicos para os carbonos da estrutura.

O espectro de RMN^{1}H (Fig. 4.21) da benzanilida é composto de sinais exclusivamente referentes aos anéis aromáticos monossubstituídos, além do hidrogênio amídico em 10,30 ppm.

Os deslocamentos observados nos sinais da região aromática enfatizam a desproteção de H-2/6 e H-4 (7,98 e 7,59 ppm respectivamente), promovida pelo efeito retirador de elétrons, via ressonância da carbonila, quando relacionados ao deslocamento químico de H-3/5 (7,54 ppm).

Quanto ao anel ligado ao nitrogênio amídico, pelo contrário, uma proteção é verificada na posição *para* (H-4') em relação aos hidrogênios em *meta* (H-3'/5'), através dos respectivos valores de δ (7,12 e 7,37 ppm). Os hidrogênios em *orto,* nesse caso, sofrem uma desproteção discordante do efeito eletrônico de doação eletrônica por ressonância. A tal fato é atribuído um efeito de desproteção espacial da carbonila da amida, denominado efeito anisotrópico.

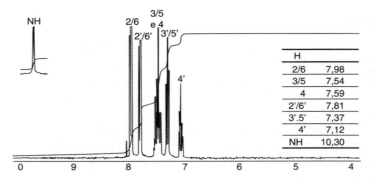

H	
2/6	7,98
3/5	7,54
4	7,59
2'/6'	7,81
3'.5'	7,37
4'	7,12
NH	10,30

FIGURA 4.21 Espectro de RMN^{1}H da benzanilida (reproduzido com autorização da Sigma-Aldrich) e tabela de deslocamentos químicos para os hidrogênios da estrutura.

O EM (Fig.4.22) apresenta um pequeno número de picos. Ressaltam-se o íon molecular, de massa ímpar (M$^{.+}$ 197) e fragmentos originados de perdas comuns das unidades φNH (*m/z* 105, pico base), φCO (*m/z* 92) e φCONH/φNHCO (*m/z* 77), além do cátion 1,3-ciclobutadienila (*m/z* 51) (Fig.4.23).

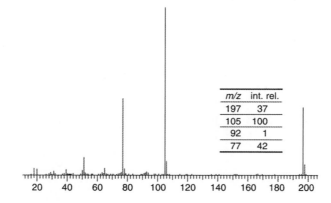

m/z	int. rel.
197	37
105	100
92	1
77	42

FIGURA 4.22 EM da benzanilida (obtido no *site:* *http://www.aist.go.jp/RIODB/SDBS/sdbs/oea/sdbs_sea.cre_frame_sea)* e tabela com os principais fragmentos observados.

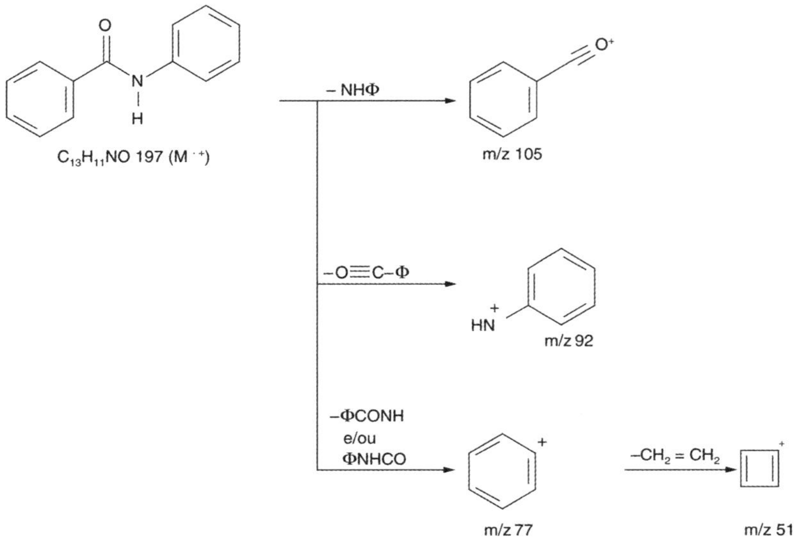

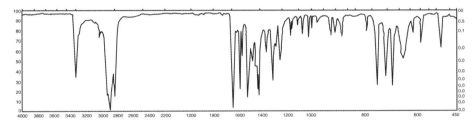

FIGURA 4.23 Propostas de mecanismos de fragmentação da benzanilida no EM.

O IV (Fig. 4.24) confirma a presença do grupo -NH (3.350 cm⁻¹), as absorções características dos anéis aromáticos e carbonila amídica (1.650 cm⁻¹).

FIGURA 4.24 Espectro no IV da benzanilida (reproduzido com autorização da Sigma-Aldrich).

Cânfora

A determinação estrutural da cânfora, apesar de ser uma molécula pequena ($C_9H_{14}O$), é uma tarefa mais complexa do que os casos anteriores. O fato de que além da carbonila, a substância apresenta apenas átomos de carbono saturados e seus respectivos hidrogênios torna a análise do espectro de carbono vital e a de hidrogênio muito pouco informativa.

O espectro de RMN^{13}C (Fig. 4.25) apresenta todos os dez átomos de carbono, correlacionados na tabela de deslocamentos químicos. No entanto, deve-se ter um especial cuidado na análise dos picos entre 43,09 e 57,65 ppm, uma vez que eles podem ser atribuídos a carbonos ligados a átomos de oxigênio do tipo carbinólicos. Um exemplo claro dessa situação é exatamente o carbono 1 que, devido ao seu posicionamento em cabeça de ponte e estar a uma ligação da carbonila cetônica, apresenta uma desproteção atípica para carbonos saturados mesmo quando quaternários.

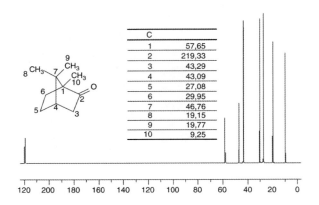

C	
1	57,65
2	219,33
3	43,29
4	43,09
5	27,08
6	29,95
7	46,76
8	19,15
9	19,77
10	9,25

FIGURA 4.25 Espectro de RMN^{13}C da cânfora (obtido no *site*: *http://www.aist.go.jp/RIODB/SDBS/sdbs/owa/sdbs_sea.cre_frame_sea*) e tabela de deslocamentos químicos para os carbonos da estrutura.

O espectro de RMN^{1}H da cânfora (Fig. 4.26) é de difícil interpretação, uma vez que os deslocamentos químicos dos hidrogênios do sistema bicicloeptânico são bastante próximos.

Neste espectro podem ser ressaltados os três grupamentos metila e pelo menos o sinal mais desprotegido do espectro, que se assemelha a um duplo dubleto, referente ao H-3 exo.

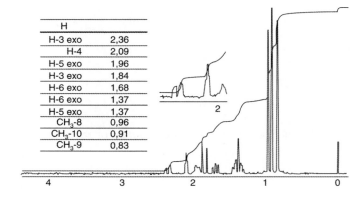

H	
H-3 exo	2,36
H-4	2,09
H-5 exo	1,96
H-3 exo	1,84
H-6 exo	1,68
H-6 exo	1,37
H-5 exo	1,37
CH$_3$-8	0,96
CH$_3$-10	0,91
CH$_3$-9	0,83

FIGURA 4.26 Espectro de RMN^{1}H da cânfora (reproduzido com autorização da Sigma-Aldrich), com expansão dos sinais dos hidrogênios aromáticos e tabela de deslocamentos químicos para os hidrogênios da estrutura.

Em sistemas bicicloeptânicos, a perda de -CH$_3$, pela abertura da ponte metilênica, é conhecida (Pavia, 1996). No caso da cânfora, essa abertura, via rearranjo molecular, permite explicar os picos do EM (Fig. 4.27), em particular o pico base (*m/z* 95) que se origina da perda de uma molécula neutra de propeno, seguida da perda de radical metila, fornecendo um cátion duplamente alílico e, portanto, com dupla possibilidade de estabilização via efeito de ressonância. As outras perdas propostas seguem caminhos semelhantes à anterior (Fig. 4.28), fornecendo cátions alílicos ora pela perda de radicais alquila (metil ou propil) ora pela perda de moléculas neutras (propano).

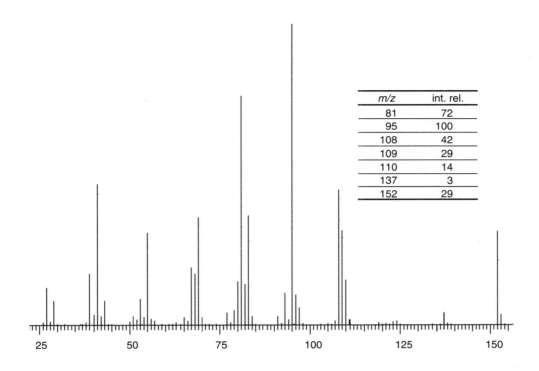

m/z	int. rel.
81	72
95	100
108	42
109	29
110	14
137	3
152	29

FIGURA 4.27 Espectro de EM da cânfora (obtido no *site:*
http://www.aist.go.jp/RIODB/SDBS/sdbs/owa/sdbs_sea.cre_frame_sea)
e tabela com os principais fragmentos observados.

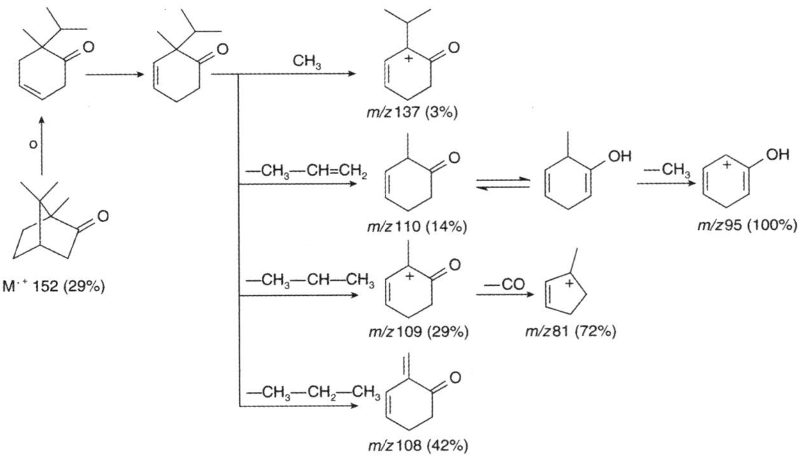

m/z 137 (3%)

m/z 110 (14%)

m/z 95 (100%)

M·⁺ 152 (29%)

m/z 109 (29%)   m/z 81 (72%)

m/z 108 (42%)

FIGURA 4.28 Propostas de mecanismos de fragmentação da cânfora no EM.

No espectro no IV (Fig. 4.29), observa-se claramente o sinal intenso em torno de 1.745 cm⁻¹, referente à carbonila cetônica. Às metilas geminadas, normalmente é atribuído um sinal duplo em 1.375 cm⁻¹ (Pavia, 1996), como realmente parece constar no espectro.

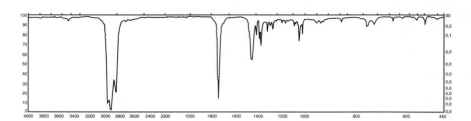

FIGURA 4.29 Espectro no IV da cânfora (reproduzido com autorização da Sigma-Aldrich).

Clofibrato

Na análise do espectro de RMN^{13}C do clofibrato (Fig. 4.30) observam-se nove picos para os doze carbonos da molécula. Esse fato aponta diretamente para uma equivalência de seis átomos, mais especificamente as duas metilas em 3a e 3b e os carbonos do anel benzênico 2″ e 6″, 3″ e 5″.

As atribuições dos deslocamentos químicos do clofibrato são bastante simples e podem ser observadas na tabela junto ao espectro (Fig. 4.30). Podem-se ressaltar novamente as atribuições dos carbonos aromáticos com os efeitos de proteção mesomérica do oxigênio em *orto* e *para*, contra os efeitos de desproteção do átomo de cloro.

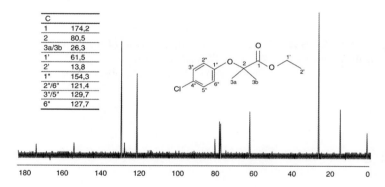

C	
1	174,2
2	80,5
3a/3b	26,3
1'	61,5
2'	13,8
1″	154,3
2″/6″	121,4
3″/5″	129,7
6″	127,7

FIGURA 4.30 Espectro de RMN^{13}C do clofibrato (reproduzido com autorização da Sigma-Aldrich) e tabela de deslocamentos químicos para os carbonos da estrutura.

O espectro de RMN^{1}H (Fig. 4.31) do clofibrato é bastante claro quanto à sua análise. Pode-se iniciar a interpretação do espectro pelas duas metilas geminadas e equivalentes (1,18 ppm). O sistema de tripleto e quarteto acoplados (1,41 e 4,53 ppm) são facilmente atribuídos a uma etila ligada ao átomo de oxigênio, que desprotege os hidrogênios do -CH$_2$. Finalmente o anel aromático mostra um padrão típico de anel *para*-dissubstituído, com um dubleto mais protegido (6,87 ppm), sentindo o efeito mesomérico doador de elétrons do átomo de oxigênio, e outro, também dubleto, desprotegido (7,23 ppm), sentindo o efeito retirador de elétrons do cloro.

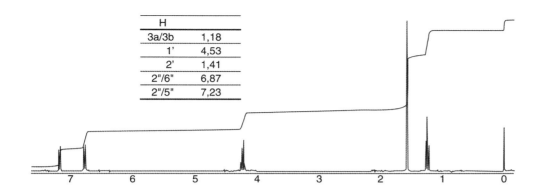

H	
3a/3b	1,18
1'	4,53
2'	1,41
2"/6"	6,87
2"/5"	7,23

Figura 4.31 Espectro de RMN¹H do clofibrato (reproduzido com autorização da Sigma-Aldrich), com expansão dos sinais dos hidrogênios aromáticos e tabela de deslocamentos químicos para os hidrogênios da estrutura.

Observa-se no EM (Fig. 4.32) a perda do metilacrilato de etila por meio de um rearranjo 1-3 do hidrogênio de uma das metilas, levando à formação do pico base do espectro (*m/z* 128), representado pela molécula do *p*-clorofenol. As retiradas do átomo de cloro e da hidroxila conduzem às formações dos picos *m/z* 93 e 111, respectivamente.

De modo geral, a molécula não apresenta um número grande de fragmentos; dessa forma, além do pico base anteriormente justificado destaca-se, como fragmentação comum de ésteres (Fig. 4.33), o produto da ruptura α carbonila (*m/z* 169).

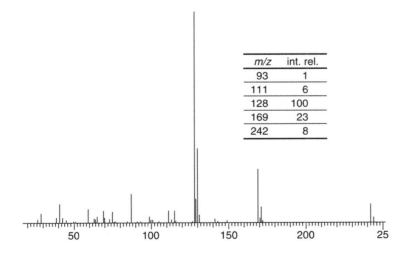

m/z	int. rel.
93	1
111	6
128	100
169	23
242	8

Figura 4.32 EM do clofibrato (obtido no *site*: *http://www.aist.go.jp/RIODB/SDBS/sdbs/owa/sdbs_sea.cre_frame_sea*) e tabela com os principais fragmentos observados.

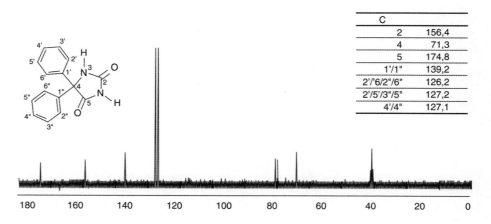

FIGURA 4.33 Propostas de mecanismos de fragmentação do clofibrato no EM.

Fenitoína

A fenitoína apresenta na sua RMN^{13}C (Fig. 4.34) os sinais mais desprotegidos (174,8 e 156,4 ppm), atribuídos às duas carbonilas do anel heterocíclico. Além destes, aparecem apenas os sinais do carbono quaternário (C-4) e dos carbonos equivalentes dos dois anéis aromáticos C-1'/1" (139,2 ppm), C-2'/6'/2"/6" (126,2 ppm), C-3'/5'/3"/5" (127,2 ppm) e C-4'/4" (127,1 ppm).

C	
2	156,4
4	71,3
5	174,8
1'/1"	139,2
2'/6/2"/6"	126,2
2'/5'/3"/5"	127,2
4'/4"	127,1

FIGURA 4.34 Espectro de RMN^{13}C da fenitoína (reproduzido com autorização da Sigma-Aldrich) e tabela de deslocamentos químicos para os carbonos da estrutura.

O espectro de RMN^{1}H (Fig. 4.35) apresenta praticamente apenas os sinais dos anéis aromáticos (7,23-7,45 ppm), absorvendo em região muito próxima, situação bem característica de anéis benzênicos monossubstituídos. Aos singletos (8,03 e 9,15 ppm) foram atribuídos os hidrogênios ligados aos dois átomos de nitrogênio do anel heterocíclico.

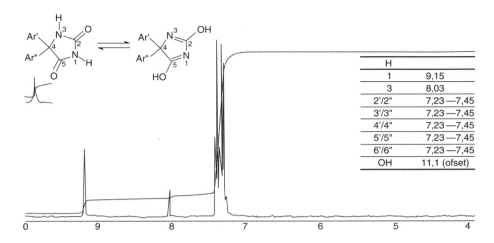

FIGURA 4.35 Espectro de RMN¹H da fenitoína (reproduzido com autorização da Sigma-Aldrich), com expansão dos sinais dos hidrogênios aromáticos e tabela de deslocamentos químicos para os hidrogênios da estrutura.

É interessante ressaltar a absorção em 11,1 ppm referente a dois átomos de hidrogênio ligados a oxigênios enólicos, o que mostra uma certa estabilidade das enaminas formadas a partir de um equilíbrio tautomérico.

No processo de fragmentação da fenitoína, uma das maneiras de justificar o pico base do espectro (Fig. 4.36) é por meio de dois rearranjos moleculares consecutivos (Fig. 4.37). O primeiro envolve a formação de um anel de três membros; após a abertura do anel, devido ao ataque de um dos nitrogênios, forma-se o segundo intermediário, também com um anel heterocíclico, mas com dois nitrogênios e uma carbonila. A perda do anel heterocíclico com a formação de carbonila cetônica resulta na formação da acetofenona. A saída de uma molécula neutra de hidrogênio, com nova ciclização, origina o pico base (*m/z* 180).

Outros picos observados podem ser justificados a partir do íon molecular com a perda de CO e subsequente saída do radical hidrogênio do carbono benzílico (*m/z* 224 e 223) e de isocianato, que origina o pico *m/z* 209.

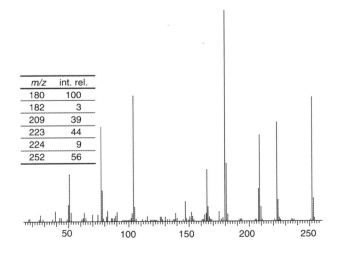

FIGURA 4.36 EM da fenitoína (obtido no site: *http://www.aist.go.jp/RIODB/SDBS/sdbs/owa/sdbs_sea.cre_frame_sea*) e tabela com os principais fragmentos observados.

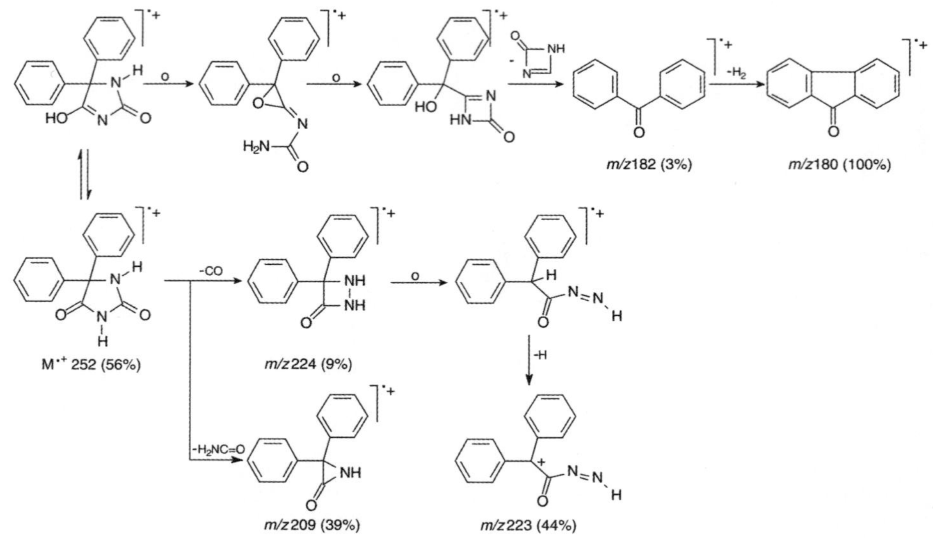

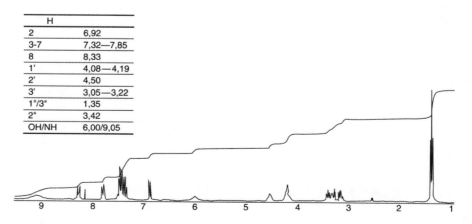

FIGURA 4.37 Propostas de mecanismos de fragmentação da fenitoína no EM.

Propranolol

Apesar de o espectro de RMN^{13}C (Fig. 4.39) do propranolol apresentar um número maior de picos, os dezesseis sinais encontram-se distribuídos em regiões características. As duas metilas, que representam os carbonos mais protegidos, apresentam deslocamentos químicos próximos a 20 ppm. Na sequência, aparecem os sinais dos carbonos, metilênico e metínico, ligados ao átomo de nitrogênio (47,5 e 49,9 ppm) e dos dois carbonos metilênicos ligados a oxigênios. Os dez carbonos restantes do anel naftalênico, por sua vez, apresentam dois carbonos com deslocamentos químicos bem distintos: C-2 por estar *orto* a um oxigênio (proteção por mesomeria) é o carbono hidrogenado que apresenta o menor deslocamento químico (103,0 ppm), em contrapartida, C-1 é o mais desprotegido por ser o carbono que sustenta o próprio átomo de oxigênio. Os outros oito carbonos são observados na faixa entre 120,2 e 133,9 ppm.

H	
2	6,92
3-7	7,32—7,85
8	8,33
1'	4,08—4,19
2'	4,50
3'	3,05—3,22
1"/3"	1,35
2"	3,42
OH/NH	6,00/9,05

FIGURA 4.38 Espectro de RMN^{1}H do propranolol (reproduzido com autorização da Sigma-Aldrich) e tabela de deslocamentos químicos para os hidrogênios da estrutura.

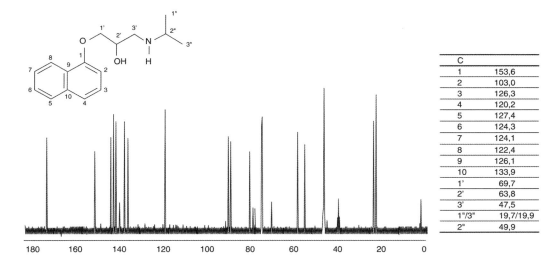

Figura 4.39 Espectro de RMN^{13}C do propranolol (reproduzido com autorização da Sigma-Aldrich) e tabela de deslocamentos químicos para os carbonos da estrutura.

C	
1	153,6
2	103,0
3	126,3
4	120,2
5	127,4
6	124,3
7	124,1
8	122,4
9	126,1
10	133,9
1'	69,7
2'	63,8
3'	47,5
1"/3"	19,7/19,9
2"	49,9

O espectro de RMN^{1}H (Fig. 4.38) apresenta uma complexidade um pouco maior que os demais. Em princípio, podemos dividir as faixas de deslocamento químico em três, além das metilas (1,35 ppm).

A primeira faixa, entre 3,05 e 3,42 ppm, corresponde aos hidrogênios vizinhos ao átomo de nitrogênio. A curva de integração mostra claramente uma proporcionalidade a três hidrogênios, sendo o hidrogênio metínico (H–2") o mais desprotegido e com sinal equivalente a um hepteto. Já o –CH$_2$ (H–3'), por ser vizinho a um centro assimétrico (diasterotópico), apresenta uma não equivalência para os dois hidrogênios; dessa forma, os dois conjuntos de sinais mais protegidos podem ser correlacionados a eles.

A segunda faixa, entre 4,08 e 4,50 ppm, pode ser correlacionada aos hidrogênios carbinólicos. Uma análise semelhante à anterior, apoiada inicialmente na curva de integração, mostra uma proporção de 1 para 2 hidrogênios. Obviamente, o hidrogênio metínico é o mais desprotegido, seguido pelo –CH$_2$ (H–1'), também diasterotópico.

Na última faixa, referente aos hidrogênios aromáticos naftalênicos, destacam-se H-2, o mais protegido (6,92 ppm), e H-8, o mais desprotegido (8,33 ppm). O primeiro sente o efeito de doação eletrônica do oxigênio em *orto*, enquanto o segundo é desprotegido, na posição *peri*, pelo efeito anisotrópico do oxigênio ligado ao anel.

Na análise do espectro do propranolol, fica bem evidente o auxílio da curva de integração na atribuição dos deslocamentos químicos, devido a proporcionalidade entre hidrogênios presentes no espectro.

O propranolol representa um bom exemplo para o estudo de fragmentação na espectrometria de massas, dado o número razoavelmente abundante de picos observados no seu EM (Fig. 4.40).

Em princípio, o produto da cisão α no terminal amínico leva à formação do pico base do espectro.

Os outros picos, justificados na Figura 4.41, são resultantes da perda sucessiva de partes da cadeia lateral, desde uma metila (*m/z* 244) até a formação do α-naftol (*m/z* 144).

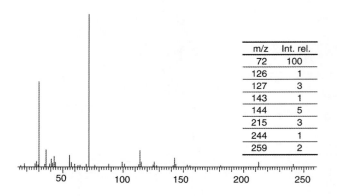

m/z	Int. rel.
72	100
126	1
127	3
143	1
144	5
215	3
244	1
259	2

FIGURA 4.40 Espectro de EM do propranolol (obtido no *site*: *http://www.aist.go.jp/RIODB/SDBS/sdbs/owa/sdbs_sea.cre_frame_sea*) e tabela com os principais fragmentos observados.

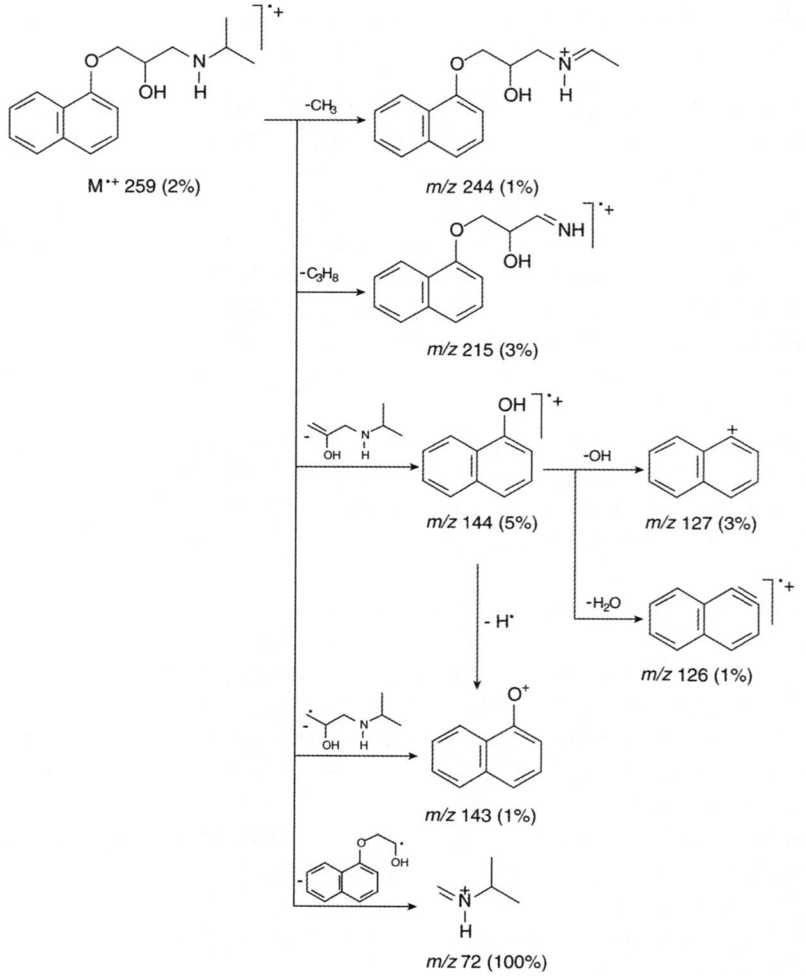

M·+ 259 (2%)

-CH₃

m/z 244 (1%)

-C₃H₈

m/z 215 (3%)

m/z 144 (5%)

-OH

m/z 127 (3%)

-H₂O

m/z 126 (1%)

- H·

m/z 143 (1%)

m/z 72 (100%)

FIGURA 4.41 Propostas de mecanismos de fragmentação do propranolol no EM.

O espectro do propranolol no IV (Fig. 4.42) apresenta uma série de bandas de absorção de difícil atribuição exata para a molécula. As bandas de estiramento de OH e NH são previstas para a mesma região em torno de 3.300 a 3.500 cm⁻¹. As absorções de vibração da ligação NH confundem-se com as do sistema naftalênico na faixa de 1.580 a 1.490 cm⁻¹.

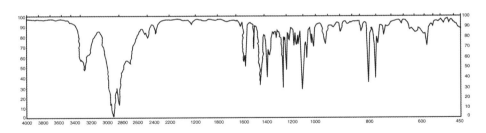

FIGURA 4.42 Espectro no IV do propranolol
(reproduzido com autorização da Sigma-Aldrich).

Sacarina

O espectro de RMN¹³C (Fig. 4.43) da sacarina não apresenta dificuldades quanto à sua interpretação. Dos sete carbonos presentes, C-3 é o mais desprotegido (161,6 ppm) por ser carbonílico. Os carbonos do anel benzênico apresentam deslocamentos que podem ser justificados pelos efeitos retiradores de elétrons, combinados, da própria carbonila, e do grupo SO_2. O carbono 8, que sustenta o átomo de enxofre e que também sente a desproteção via mesomeria da carbonila é o carbono mais desprotegido desse anel (140,9 ppm). Basicamente, sentindo apenas a desproteção da carbonila, C-4 e C-6 vêm depois de C-8 (135,7 e 136,1 ppm). Por fim, são observados os sinais de C-5 e C-7 (125,0 e 121,2 ppm).

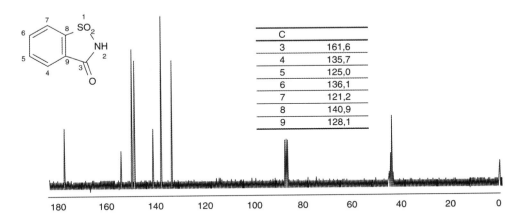

C	
3	161,6
4	135,7
5	125,0
6	136,1
7	121,2
8	140,9
9	128,1

FIGURA 4.43 Espectro de RMN¹³C da sacarina (reproduzido com autorização da Sigma-Aldrich) e tabela de deslocamentos químicos para os carbonos da estrutura.

O espectro de RMN¹H (Fig. 4.44) da sacarina apresenta apenas os hidrogênios do anel aromático, com os quatro átomos de hidrogênio absorvendo em região muito próxima. Neste espectro, o sinal referente ao hidrogênio ligado ao nitrogênio não aparece, possivelmente por encontrar-se encoberto pelos outros sinais.

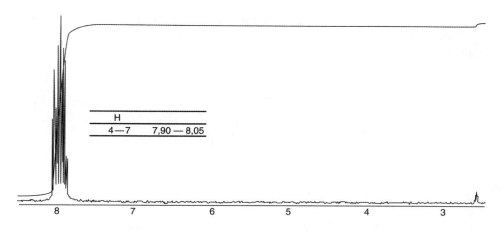

FIGURA 4.44 Espectro de RMN^{1}H da sacarina (reproduzido com autorização da Sigma-Aldrich), com expansão dos sinais dos hidrogênios aromáticos e tabela de deslocamentos químicos para os hidrogênios da estrutura.

Na análise do EM (Fig. 4.45) da sacarina, observa-se a possibilidade de redução do anel heterocíclico com as perdas de isocianato, SO_2 e $HN=SO_2$, que levam à formação dos picos m/z 140, 119 e 104. Desses três intermediários, com novas perdas de SO_2, isocianato e CO, obtém-se o pico base do espectro, representado pela molécula de benzino (m/z 76).

Os outros picos, mostrados na Figura 4.46, parecem ser derivados de um interessante rearranjo molecular do anel heterocíclico (iniciado pelo ataque nucleofílico de um dos oxigênio ligados ao átomo de enxofre) com a carbonila, resultando um intermediário com dois anéis espiro-heterocíclicos. A quebra do sistema espiro pode resultar nos m/z 120 e 63.

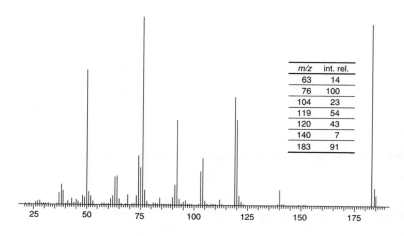

m/z	int. rel.
63	14
76	100
104	23
119	54
120	43
140	7
183	91

FIGURA 4.45 EM da sacarina (obtido no *site*: *http://www.aist.go.jp/RIODB/SDBS/sdbs/owa/sdbs_sea.cre_frame_sea*) e tabela com os principais fragmentos observados.

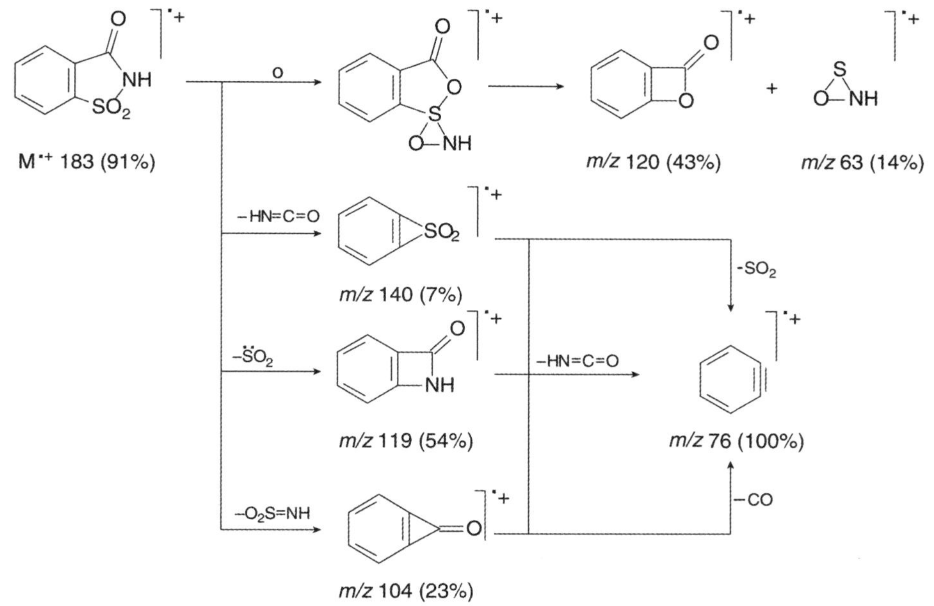

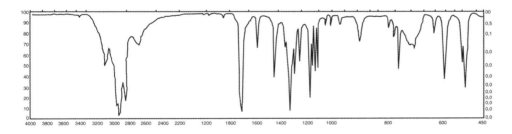

Figura 4.46 Propostas de mecanismos de fragmentação da sacarina no EM.

O espectro no IV (Fig. 4.47) apresenta diversas bandas, às quais podem ser atribuídas as funções: sulfonamida (1.180~1.160 e 1.370~1.330 cm^{-1}), carbonila do anel γ-lactâmico (1.720 cm^{-1}) e anel aromático (1.600, 1.450 e 1.640 cm^{-1}). Ainda nesse espectro podem ser observados a região de *overtone* (2.000~1.800 cm^{-1}) e os picos situados na faixa abaixo de 800 cm^{-1}, que podem auxiliar na confirmação do padrão de substituição do anel benzênico.

Figura 4.47 Espectro no IV da sacarina (reproduzido com autorização da Sigma-Aldrich).

Sulfanilamida

O espectro de RMN^{13}C (Fig. 4.48) da sulfanilamida é bastante simples. Nele aparecem quatro sinais referentes aos carbonos do anel benzênico, sendo que os mais desprotegidos (130,0 e 151,8 ppm) foram atribuídos ao C-1 e ao C-4, respectivamente, carbonos não hidrogenados que sustentam os grupos -SO$_2$NH$_2$ e -NH$_2$. Os carbonos 3 e 5, equivalentes que sentem a proteção mesomérica do par de elétrons do -NH$_2$, podem ser observados em 112,4 ppm e, por fim, C-2 e C-6 em 127,3 ppm.

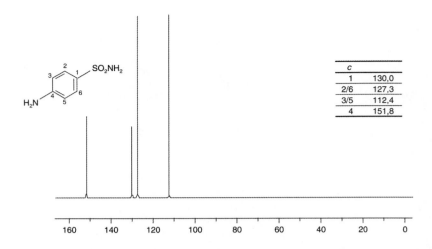

c	
1	130,0
2/6	127,3
3/5	112,4
4	151,8

FIGURA 4.48 Espectro de RMN^{13}C da sulfanilamida (obtido no *site*: *http://www.aist.go.jp/RIODB/SDBS/sdbs/owa/sdbs_sea.cre_frame_sea*) e tabela de deslocamentos químicos para os carbonos da estrutura.

A análise do espectro da RMN^{1}H (Fig. 4.49) envolve apenas quatro picos, dada a sua simetria e, por conseguinte, a equivalência magnética dos hidrogênios da molécula. O espectro de ressonância de hidrogênio apresenta dois dubletos referentes aos hidrogênios do anel benzênico, sendo um mais protegido, correspondente às posições *orto* ao grupamento -NH$_2$, e o outro, desprotegido, *orto* ao grupo –SO$_2$NH$_2$. Os dois singletos restantes representam os hidrogênios ligados aos heteroátomos apresentando também um sinal mais protegido (Ar-NH$_2$) e outro mais desprotegido (Ar-SO$_2$NH$_2$).

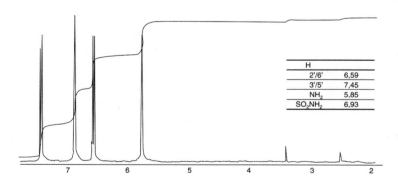

H	
2'/6'	6,59
3'/5'	7,45
NH$_2$	5,85
SO$_2$NH$_2$	6,93

FIGURA 4.49 Espectro de RMN^{1}H da sulfanilamida (reproduzido com autorização da Sigma-Aldrich), com expansão dos sinais dos hidrogênios aromáticos e tabela de deslocamentos químicos para os hidrogênios da estrutura.

O EM (Fig. 4.50) mostra o pico base coincidente com o íon molecular, o que indica que a molécula é bastante estável. As perdas dos grupamentos substituintes -SO$_2$NH e -NH$_2$ levam respectivamente aos fragmentos *m/z* 93 e 156 (Fig. 4.51). A partir do *m/z* 92, observando-se o equilíbrio das formas tautoméricas, é possível indicar a perda de –CH=NH resultando na formação do cátion ciclopentadienila (*m/z* 65).

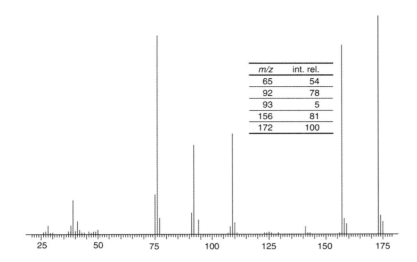

m/z	int. rel.
65	54
92	78
93	5
156	81
172	100

FIGURA 4.50 Espectro de EM da sulfanilamida (obtido no *site*: *http://www.aist.go.jp/RIODB/SDBS/sdbs/owa/sdbs_sea.cre_frame_sea*) e tabela com os principais fragmentos observados.

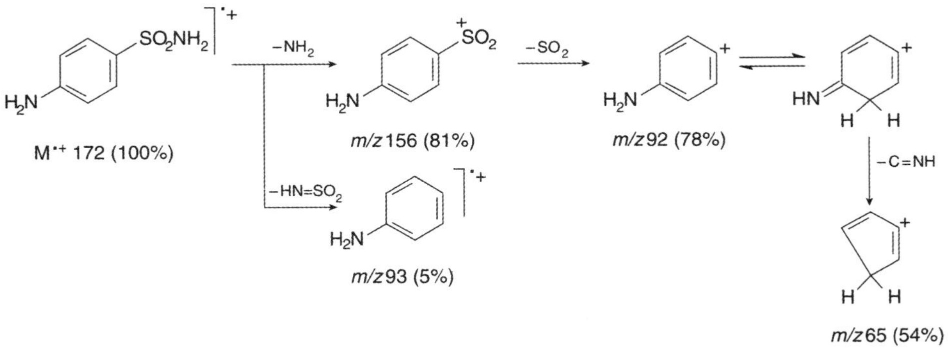

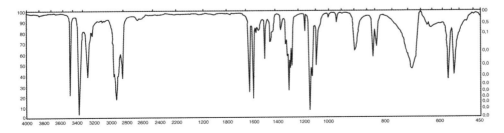

FIGURA 4.51 Propostas de mecanismos de fragmentação da sulfanilamida no EM.

O espectro no IV (Fig. 4.52) apresenta as bandas esperadas para o anel benzênico (1.600, 1.450 e 1.640 cm^{-1}), para o grupamento funcional sulfonamida (1.180~1.160 e 1.370~1.330 cm^{-1}) e para os dois grupamentos –NH$_2$ (3.480 e 3.400 cm^{-1}).

FIGURA 4.52 Espectro no IV da sulfanilamida (reproduzido com autorização da Sigma-Aldrich).

Cafeína

O espectro de ressonância magnética nuclear de carbono 13 (RMN[13]C) (Fig. 4.53) mostra a presença de 8 picos, três desses protegidos em 27,88, 29,70 e 33,57 ppm, os quais são atribuídos às metilas ligadas aos nitrogênios. Os carbonos carbonílicos são observados em 153,8 e 158,0 ppm. O deslocamento químico de C-4 é o carbono não hidrogenado mais desprotegido do anel imidazólico, que sente o efeito dos dois átomos de nitrogênio ligados a ele, diferentemente de C-5, ligado diretamente a um nitrogênio. Mesmos efeitos de desproteção são observados para C-8 resultando no deslocamento químico de 144,8 ppm.

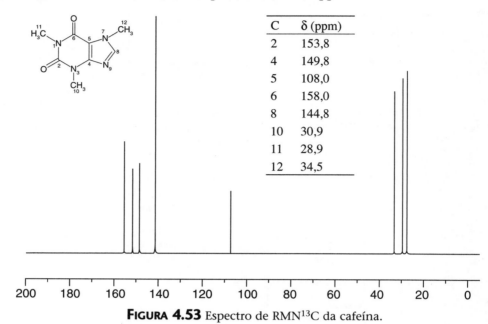

C	δ (ppm)
2	153,8
4	149,8
5	108,0
6	158,0
8	144,8
10	30,9
11	28,9
12	34,5

FIGURA 4.53 Espectro de RMN[13]C da cafeína.

O espectro de ressonância magnética de hidrogênio (RMN[1]H) (Fig. 4.54) apresenta apenas quatro singletos relativos ao hidrogênio aromático do anel imidazólico (H-8) e de três metilas ligadas aos nitrogênios. É possível supor que a metila mais

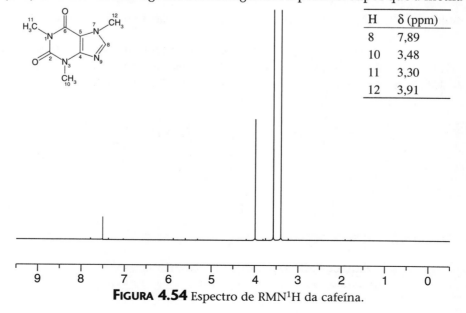

H	δ (ppm)
8	7,89
10	3,48
11	3,30
12	3,91

FIGURA 4.54 Espectro de RMN[1]H da cafeína.

desprotegida (Me-12 em 3,99 ppm) sente o efeito anisotrópico de desproteção do anel aromático, enquanto as outras duas Me-10 e 11 não. A atribuição dos deslocamentos químicos, tanto dos hidrogênios como dos carbonos, foi confirmada por espectros de correlação bidimenssional HxC.

O espectro de massas (EM) obtido por impacto eletrônico a 70 eV (Fig. 4.55) mostra que a molécula da cafeína é bastante estável. Seu pico base corresponde ao do íon molecular (M$^{.+}$ 194). Aqui é possível notar que a razão isotópica do íon M^{+1}, medida no espectro, é praticamente igual à calculada (http://www2.chemistry.msu.edu/faculty/reusch/VirtTxtJml/Spectrpy/MassSpec/masspec1.htm). A perda de hidrogênio radicalar seguida pela perda de duas carbonilas, com respectivas contrações de anel, justificam os fragmentos *m/z* 193, 165 e 137, já o fragmento *m/z* 109 pode ser justificado por um processo de contração de anel, com a saída da metilaziridina-2,3-diona (Fig. 4.55).

m/z	int. rel.
15	3,8
18	11,2
42	5,4
55	17,5
67	17,3
82	14,2
109	39,7
110	4,9
136	3,8
137	4,4
165	4,8
193	9,3
194	100,0
195	10,6

FIGURA 4.55 EM da cafeína.

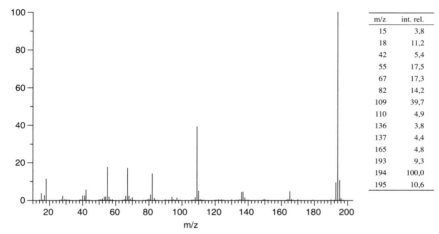

FIGURA 4.56 Propostas de mecanismos de fragmentação da cafeína no EM.

O espectro no infravermelho (IR) (Fig. 4.57) apresenta as duas bandas de estiramento C-H saturado (CH$_3$) e insaturado (Ar-H) em 3114 e 2955 cm^{-1}. As carbonilas são representadas pelas bandas mais intensas do espectro. A diferença de valores pode ser atribuída ao fato de que a carbonila de C-6 é conjugada (1662 cm^{-1}) e a de C-2 não (1702 cm^{-1}). As bandas em 1600 e 1551 cm^{-1} indicam a presença de anel aromático, no caso imidazólico. Os estiramentos da ligação C-N podem ser representados pelas bandas de 1360 e 1287 cm^{-1}.

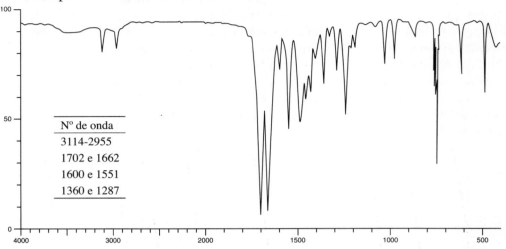

Nº de onda
3114-2955
1702 e 1662
1600 e 1551
1360 e 1287

FIGURA 4.57 Espectro no IR da cafeína.

Eugenol

O espectro de RMN^{13}C (Fig. 4.58) mostra a presença de 10 picos. Um C benzialílico (39,9 ppm), uma metila ligada a oxigênio (55,9 ppm), um C metilênico terminal (111,3 ppm) e um C olefínico (137,9 ppm). Os outros 6 sinais restantes são relativos ao anel benzênico do eugenol. Observam-se três sinais correspondentes a carbonos não hidrogenados (146,6, 144,0 e 131,9 ppm). Os dois maiores deslocamentos químicos desse grupo são dos carbonos ligados a oxigênio, e o carbono mais protegido é o da cadeia lateral alila. Quanto aos três C aromáticos (121,3, 115,5 e 114,5 ppm), os mais protegidos (C-6 e 7) estão *orto* a funções oxigenadas.

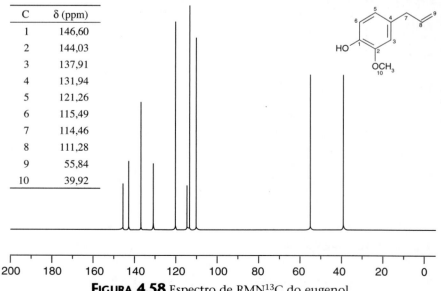

C	δ (ppm)
1	146,60
2	144,03
3	137,91
4	131,94
5	121,26
6	115,49
7	114,46
8	111,28
9	55,84
10	39,92

FIGURA 4.58 Espectro de RMN^{13}C do eugenol.

O espectro de RMN¹H (Fig. 4.59), mostra claramente um dubleto em 6,83 ppm que foi atribuído ao H-5 pela constante de acoplamento observada (8,4 Hz). Os H-3 e H-6 têm deslocamentos muito próximos, 6,65 e 6,66 ppm, por estarem *orto* a -OH e -OCH₃. A cadeia lateral pode ser caracterizada pelo dubleto dos hidrogênios alil-benzílicos em 3,29 ppm que acoplam somente com H-8. Já este último corresponde ao multipleto em torno de 5,93 ppm por acoplar com os hidrogênios H-7 e H-9. Os hidrogênios em 9, apesar de não equivalentes, são observados como multipleto em torno de 5,05 ppm. Por fim a metoxila apresenta o deslocamento químico em 3,80 ppm e a hidroxila fenólica em 5,73 ppm.

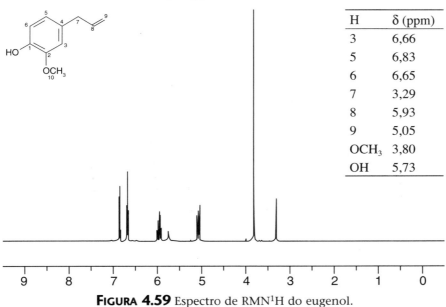

H	δ (ppm)
3	6,66
5	6,83
6	6,65
7	3,29
8	5,93
9	5,05
OCH₃	3,80
OH	5,73

FIGURA 4.59 Espectro de RMN¹H do eugenol.

O EM (70 eV) (Fig. 4.60) apresenta o pico do íon molecular como o pico base do espectro. O cálculo do M^{+1} novamente é muito próximo ao do valor observado. Os mecanismos propostos para a fragmentação na Figura 4.61 apresentam as perdas dos radicais metila (M^{-15}), vinila (M^{-27}) e metoxila (M^{-31}), a partir do $M^{·+}$ 164, resultando na formação dos cátions *m/z* 149, 137 e 133 respectivamente. Do

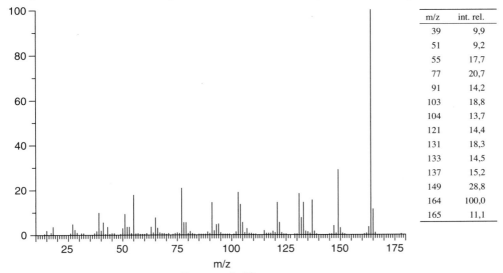

m/z	int. rel.
39	9,9
51	9,2
55	17,7
77	20,7
91	14,2
103	18,8
104	13,7
121	14,4
131	18,3
133	14,5
137	15,2
149	28,8
164	100,0
165	11,1

FIGURA 4.60 EM do eugenol.

íon M^{-15} observa-se a saída de HOH (*m/z* 131) e CO (*m/z* 121). O M^{-27} constitui um íon tropílio dissubstituído, o qual auxilia na caracterização da cadeia alílica lateral e o *m/z* 133 é bastante útil para a evidência do grupamento metoxila.

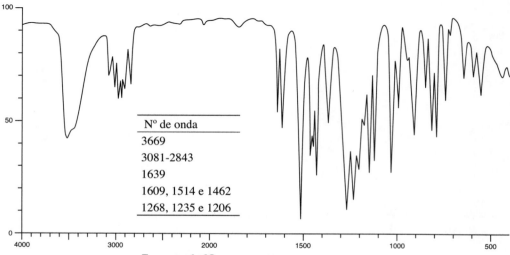

FIGURA 4.61 Propostas de mecanismos de fragmentação do eugenol no EM.

O espectro no IR do eugenol (Fig. 4.62) apresenta a banda de 3669 cm^{-1} correspondente ao estiramento da hidroxila fenólica (O-H). Os estiramentos das ligações C-O da hidroxila e metoxila são caracterizados pelas bandas de 1268, 1235 e 1206 cm^{-1}. Às ligações C-H saturadas e insaturadas foi atribuído o conjunto de bandas entre 3080 a 2840 cm^{-1}. O anel aromático é caracterizado pelas bandas em 1609, 1514 e 1460 cm^{-1} e a ligação dupla terminal monossubstituída pela banda em 1639 cm^{-1}.

Nº de onda
3669
3081-2843
1639
1609, 1514 e 1462
1268, 1235 e 1206

FIGURA 4.62 Espectro no IR do eugenol.

Lapachol

O lapachol é uma naftoquinona prenilada, estruturalmente semelhante à vitamina K. O espectro de RMN^{13}C (Fig. 4.63) mostra a presença de 15 carbonos. Dez deles caracterizam o esqueleto naftoquinônico substituído com uma hidroxila em C-2 (152,7 ppm) e uma prenila em C-3 (123,5 ppm). As duas carbonilas apresentam deslocamentos químicos próximos (181,7 e 184,5 ppm). Os diferentes substituintes em C-2 e C-3 resultam em deslocamentos químicos também distintos para os carbonos C-1/C-4, C-4a/C-8a, C-5/C-8 e C-6/C-7, derivados do ambiente químico diferente para essas posições estruturalmente simétricas. A cadeia lateral γ,γ-dimetilalílica (prenila) é caracterizada pelo C alílico (C-1', 22,65 ppm), pelas duas metilas (C-4' e 5', 17,8 e 25,7 ppm) e pelos carbonos da ligação dupla (C-2' e 3', 119,6 e 133,8 ppm).

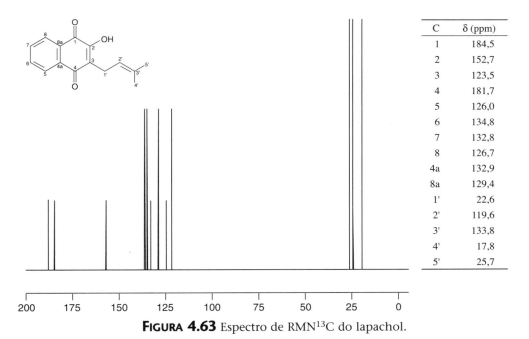

C	δ (ppm)
1	184,5
2	152,7
3	123,5
4	181,7
5	126,0
6	134,8
7	132,8
8	126,7
4a	132,9
8a	129,4
1'	22,6
2'	119,6
3'	133,8
4'	17,8
5'	25,7

FIGURA 4.63 Espectro de RMN^{13}C do lapachol.

Os dois sustituintes, -OH em C-2 e -C$_5$H$_9$ em C-3, conferem um padrão de simples análise no espectro de RMN^{1}H (Fig. 4.64). No anel não substituído da naftoquinona, tanto os H-5/8 como H6/7 apresentam deslocamentos químicos muito semelhantes. Os H-5/8, por encontrarem-se vizinhos a carbonilas com efeito retirador de elétrons, são mais desprotegidos que H-6/7 e, portanto, são observados como sinais não definidos, teoricamente duplo dubletos, em 8,1 ppm. Os H-6/7, menos desprotegidos, são os multipletos observados em 7,7 ppm. O hidrogênio fenólico é observado como um singleto em 7,2 ppm, mas seu deslocamento pode variar dependendo da concentração da amostra e do solvente de análise. A prenila é caracterizada pelo dubleto de H-1', alilbenzílico, que acopla com H-2', observado em 3,3 ppm. As metilas, diferentemente do espectro de RMN^{13}C, apresentam deslocamentos próximos, em 1,65 e 1,75 ppm, ambas aparecendo como singletos. Por fim o H-3' vinílico, que acopla com os dois hidrogênios ligados a C-2', constitui o tripleto em 5,2 ppm.

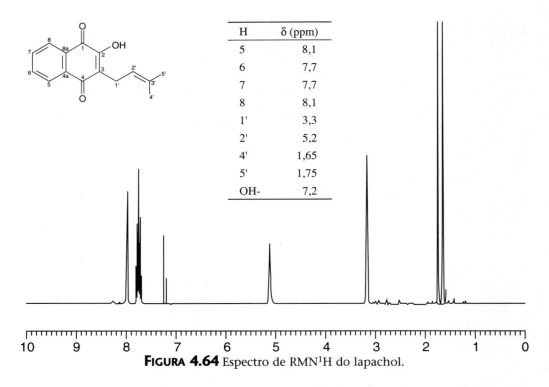

H	δ (ppm)
5	8,1
6	7,7
7	7,7
8	8,1
1'	3,3
2'	5,2
4'	1,65
5'	1,75
OH-	7,2

FIGURA 4.64 Espectro de RMN^{1}H do lapachol.

O EM do lapachol (Fig. 4.65) mostra o pico do íon molecular em *m/z* 242, correspondente à fórmula molecular $C_{15}H_{14}O_3$. Na proposta de mecanismos de fragmentação da Figura 4.66, a perda de grupamento metil (M^{-15}) pode ser justificada por dois caminhos. No primeiro ocorre o rearranjo da ligação dupla da prenila no sentido de conjugação ao anel naftoquinônico. Além da extensão da conjugação obtida, a saída da metila nesse caso gera um cátion alílico bastante estável. O outro mecanismo também provável envolve a ciclização da prenila com a hidroxila formando um anel dimetildiidrocromênico, e nessa situação a saída da metila é assistida pelo par de elétrons não ligante do

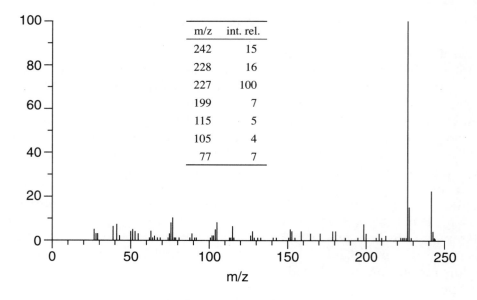

m/z	int. rel.
242	15
228	16
227	100
199	7
115	5
105	4
77	7

FIGURA 4.65 EM do lapachol.

oxigênio, contribuindo também para a estabilidade do cátion. Com poucas fragmentações subsequentes observa-se o *m/z* 199 que corresponde a perda de CO a partir do M^{-15}.

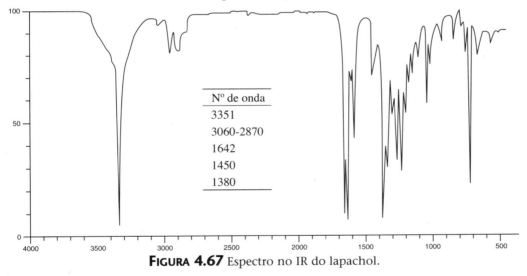

FIGURA 4.66 Propostas de mecanismo de fragmentação do lapachol no EM.

O espectro no infravermelho do lapachol apresenta uma banda fina em 3351 cm^{-1} característica do estiramento -OH da hidroxila fenólica. As bandas de 3060 a 2870 cm^{-1} são correlacionadas a estiramentos C-H saturados e insaturados. As carbonilas conjugadas não são equivalentes e o estiramento C=O é observado em 1660 e 1642 cm^{-1}. O sistema aromático é caracterizado pelas bandas em 1590 e 1450 cm^{-1}. As bandas características da ligação dupla da prenila sobrepõe-se com as do sistema aromático, apenas as metilas são bem visualizadas pela absorção forte em 1380 cm^{-1}.

Nº de onda
3351
3060-2870
1642
1450
1380

FIGURA 4.67 Espectro no IR do lapachol.

Referências bibliográficas

BREITMEIER, E. *Structure elucidation by NMR in Organic Chemistry: a practical guide.* Chichester, John Wiley & Sons, 1993.

BREITMEIER, E. e VOELTER, W. *Carbon-13 NMR spectroscopy.* 3.ed. New York, VCH Publischers, 1987.

CHAPMAN, J. R., *Practical organic mass spectroscopy: a guide for chemical and biochemical analisis.* 2.ed. New York, John Wiley & Sons, 1993.

FRIEBOLIN, H. *Basic one- and two-dimensional nmr spectroscopy*, 2.ed. Weinheim (FRG), VCH Publischers, 1993.

LEVY, G. C., LICHTER, R. L. e NELSON, G. L., *Carbon-13 nuclear magnetic resonance spectroscopy*. 2.ed. New York, John Wiley & Sons,1980.

MAcLAFFERTY, F. W. e TURECEK, F., *Interpretation of mass spectra*. 4.ed. Mill Valley (CA), University Science Books, 1993.

NAKANISHI, K., *One-dimensinal and two-dimensional NMR spectra by modern pulse techniques*. Sausalito (CA), University Science Books, 1990.

PAVIA D. L., LAMPMAN, G. M. e KRIZ, G. S., *Introdution to spectroscopy: a guide for students of organic chemistry*. 2.ed. New York, Saunders College Publishing,1996.

SANDERS, J. K. M. e HUNTER, B. K., *Modern NMR spectroscopy: a guide for chemists*. 2.ed. New York, Oxford University Press, 1993.

SILVERSTEIN, R. M. e WEBSTER, F. X., *Spectrometric identification of organic compounds*. 6.ed. New York, John Wiley & Sons, 1998.

CAPÍTULO 5

Química combinatória

STELA REGINA FERRARINI E VERA LÚCIA EIFLER-LIMA

Introdução

O processo de desenvolvimento de novas entidades químicas de interesse farmacológico é demorado, trabalhoso e caro. Mesmo com o desenvolvimento de inúmeras novas tecnologias, o tempo para se descobrir um novo fármaco ainda gira em torno de 12-15 anos. Ainda assim, tem sido uma das áreas de pesquisa mais concorridas das últimas décadas, não somente por ampliar o combate às várias doenças que afligem o ser humano, mas também por envolver transações financeiras gigantescas. De uma maneira geral, a busca de moléculas com relevantes atividades farmacológicas emprega várias metodologias diferentes com o principal objetivo: descobrir tão rápido quanto possível moléculas com aplicações terapêuticas realmente úteis para a sociedade. Entre tais metodologias encontra-se a Química Combinatória (*combichem*), que busca suprir esta demanda sintetizando moléculas com grande variedade estrutural em um prazo relativamente curto para acelerar o processo de descoberta de compostos de interesse farmacológico.

Os químicos sintéticos medicinais têm utilizado a combichem com astúcia, elaborando racionalmente as rotas sintéticas para a geração de diversidade, na qual se procura, com poucas etapas e a variação apenas dos blocos de construção, a formação do maior número possível de diferentes compostos, aperfeiçoando a síntese de congêneres. Uma estratégia que costuma ser empregada é a de selecionar uma molécula com determinada atividade farmacológica (*template*, *scaffold*) para a modulação química visando incrementar esta atividade. Com isso, introduzem-se substituintes altamente funcionalizados, decorando-o para, a partir de um único *scaffold*, se obter um grande número de compostos. Quanto maior o número de grupos funcionais tiver o *template*, maior ainda serão as possibilidades de funcionalização e de geração de diversidade. Esta estratégia no planejamento provocou uma mudança gradual de paradigma a partir da ideia de que empregando apenas um único *template*, este pode ser rapidamente decorado para a geração de quimiotecas com grande diversidade química e conformacional.

Observa-se, atualmente, uma amplificação do número de reações clássicas utilizadas em combichem com o desenvolvimento de novas metodologias, permitindo que as sínteses sejam efetuadas sob pressão reduzida, atmosfera inerte, em baixa ou alta temperatura, e sob irradiação das micro-ondas.

Empregando um reator de micro-ondas no laboratório, as reações que costumam levar horas ou dias podem ser feitas em minutos, usualmente com maiores rendimentos e potencialmente mais fáceis de serem elaboradas. Observa-se que o crescente uso das irradiações das micro-onda s em síntese orgânica está sendo estendido à química combinatória para aumentar a produção de *hits*, sendo aplicado também à Síntese Orgânica em Fase Sólida (SOFS) e vários trabalhos foram publicados na literatura aliando estes dois métodos. O uso do reator de micro-ondas em reações químicas apresenta cada vez mais evidências de ser uma ótima ferramenta para a SOFS, devido aos relatos de tempos de reação menores com maiores rendimentos e maior seletividade. A SOFS torna-se, desta forma, uma metodologia ainda mais rápida e eficaz, observando-se o decréscimo nos tempos de reação de horas para alguns minutos, quando não segundos. Destaca-se também que o aquecimento muito rápido causado pelas micro-ondas mantém a integridade das resinas. Todos esses fatores contribuem para a construção de quimiotecas de compostos cada vez mais complexos e variados.

Química combinatória

Definição e princípios

De um modo simples e direto, pode-se descrever a química combinatória ou síntese combinatória como uma metodologia na qual, ao contrário da abordagem clássica em que os compostos são obtidos artesanalmente, um a umsendo portanto realizada a síntese de uma grande quantidade de compostos de uma só vez, de forma racional, eficiente, simultânea e rápida, através da combinação de coleções de blocos de construção (*building blocks*). Cada conjunto de compostos recém sintetizados é ligeiramente diferente do anterior.

O objetivo é acelerar a obtenção de moléculas com potencial farmacológico, *hits*, através da criação de uma coleção de análogos estruturais, cuja rápida obtenção é realizada através da síntese simultânea das moléculas (Fig. 5.1). Estas coleções de compostos são chamadas de "quimiotecas" (*library*) e devem ser constituídas de moléculas com baixo peso molecular, sem matéria-prima residual e com baixa toxicidade para a realização imediata dos testes *in vitro*. É necessário enfatizar que a química combinatória não objetiva a descoberta de fármacos, mas sim de *hits*. Uma vez selecionado um ou mais *hits* estes devem ser modificados de acordo com as estratégias clássicas da química medicinal como: hibridação molecular, bioisosterismo, restrição conformacional, simplificação molecular, extensão estrutural, variação dos substituintes, variação de anéis, fusão de anéis. A otimização do *hit* é etapa essencial no desenvolvimento de novos protótipos de fármacos. Neste caso, a combichem também pode ser aplicada para a investigação e estabelecimento da REA (relação estrutura química x atividade biológica) dos constituintes da quimioteca, ampliando as possibilidades dessa tecnologia.

O planejamento da rota sintética, a seleção dos blocos de construção e reagentes, elaboração da síntese, acompanhamento das reações, ensaios farmacológicos e identificação de moléculas ativas são algumas das atividades desenvolvidas e dão a ideia da abrangência da química combinatória, uma área que necessita de planejamento a fim de fornecer resultados promissores.

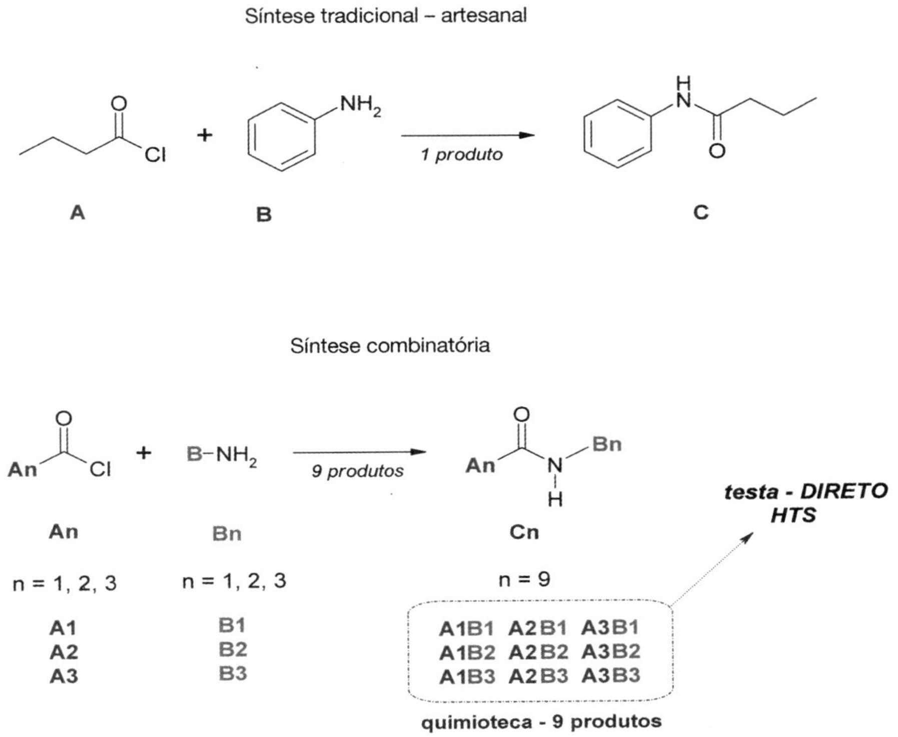

Síntese tradicional – artesanal

Síntese combinatória

FIGURA 5.1 Contraste entre síntese combinatória e síntese tradicional.

A síntese em fase sólida de peptídeos, método de síntese revolucionário inventado por B. Merrifield em 1964, foi o passo inicial para o surgimento da química combinatória. Sua afirmação ocorreu com os trabalhos de A. Furka nos anos 80, quando ele patenteou e publicou a síntese em fase sólida, na forma de misturas, de 180 pentapeptídeos, criando o método chamado de *mix-split-synthesis*. A partir de seus trabalhos, os estudos foram direcionados para a síntese de grandes quimiotecas de peptídeos, oligonucleotídeos e açúcares, com centenas ou milhares de produtos. Rapidamente as pesquisas evoluíram com o surgimento dos *multipins* por M. Geyson e de métodos como os *tea bags* por R. Houghton.

Contudo, na década seguinte, devido aos problemas de biodisponibilidade apresentados por essas estruturas, aliados à sua baixa diversidade química, os químicos medicinais direcionaram suas investigações para a síntese de moléculas de menor peso molecular, de natureza não polimérica. Isso pode ser comprovado com as primeiras sínteses em fase sólida publicadas, por dois grupos diferentes, com substâncias heterocíclicas: os benzodiazepínicos. A partir destes trabalhos, a expansão da SOFS para a síntese de outras estruturas como quinolonas, anéis β-lactâmicos, diidropiridinas, entre outras, foi extremamente rápida, consolidando essa nova metodologia. É importante salientar que a química combinatória se expandiu devido à experiência acumulada que havia para sintetizar peptídeos, e seu desenvolvimento pode ser atribuído à utilização de suportes sólidos como auxiliares na síntese.

Atualmente, este interesse dirige-se cada vez mais em direção à criação de quimiotecas de compostos orgânicos clássicos, como os heterociclos, em função da importância destas estruturas na terapêutica. Na realidade, os pesquisadores através da química combinatória tentam imitar a natureza aumentando a diversidade molecular de compostos potencialmente bioativos ou descobrindo novos *hits*. Na química clássica, isto é, na síntese artesanal de compostos, o tempo empregado purificando e identificando uma molécula candidata a protótipo pode ser muito longo. Quantos compostos um químico sintético, usando métodos tradicionais, pode sintetizar por ano? Talvez 100 ou 200 compostos? A química combinatória contrasta com os métodos da química tradicional, pois os esforços de natureza experimental são direcionados apenas àquelas moléculas que mostraram previamente uma resposta positiva frente a determinado teste farmacológico. Empregando sintetizadores e *combichem*, o químico sintético pode produzir num ano centenas ou milhares de compostos para serem testados por HTS[1] (*Hight throughpout screening*). Em função deste benefício os químicos sintéticos estenderam suas aplicações para outros domínios tais como a síntese de semicondutores, supercondutores, catalisadores e polímeros.

Estratégias sintéticas

Basicamente, a Química Combinatória pode ser realizada em solução ou através do uso de *reações em fase sólida* (*solid organic phase synthesis,* SPOS). As reações em solução possuem a vantagem de serem realizadas em condições mais familiares ao químico orgânico, já que elas ocorrem em meio homogêneo, mas são restritas apenas àquelas onde a formação de subprodutos é mínima e os rendimentos são elevados. Por outro lado, a utilização de reações em fase sólida facilitou o crescimento da química combinatória, pois a facilidade de natureza experimental simplifica muito os procedimentos reacionais, eliminando as fases de purificação e isolamento dos produtos intermediários e possibilitando, também, a utilização de grandes excessos de reagentes, a fim de se obter maiores rendimentos e garantir que as etapas reacionais sejam mais efetivas, embora existam algumas restrições ao método, relacionadas à dificuldade de caracterização dos intermediários e acompanhamento das reações.

Empregando um dos dois tipos de abordagem citadas acima, síntese em solução ou em fase sólida, as quimiotecas podem ser constituídas de *produtos isolados* (a síntese tendo sido realizada *em paralelo*, em recipientes diferentes) ou de *mistura de produtos* (com a síntese de vários produtos tendo sido realizada no mesmo recipiente: mistura-divide, *mix-split-synthesis*); esta última sendo realizada apenas em fase sólida.

Produtos isolados – síntese em paralelo

A mais simples definição de síntese combinatória consiste na síntese simultânea de uma série de compostos em distintos meios de reação, isto é, em frascos reacionais diferentes. As reações ocorrem, simultaneamente, com a adição dos materiais de partida, reagentes, catalisadores e solventes, ao mesmo tempo, onde os intermediários de cada etapa e os produtos formados estarão separados fisicamente uns dos

---

[1] HTS, ou *Hight Throughpout Screening*, é a sigla para o método experimental usado no desenvolvimento de novos fármacos relacionado aos campos da biologia e da química medicinal. São testes *in vitro* altamente sensíveis, automatizados, realizados em batelada. Algumas vezes erroneamente confundido com química combinatória, é apenas uma das ferramentas usadas em *combichem*.

outros. Cada um destes frascos vem a conter um único e definido produto, o qual é prontamente codificado. As quimiotecas obtidas em paralelo formam uma coleção com boas possibilidades de variações estruturais e/ou conformacionais entre seus componentes, havendo a possibilidade de obtenção de dezenas de produtos, puros, simultaneamente. Esse novo conceito de síntese em grande quantidade de moléculas de baixo peso molecular modificou sobremaneira a química medicinal, e mesmo aos objetivos da síntese total de produtos naturais.

Na Figura 5.2 exemplifica-se com a síntese em paralelo, em solução, de uma quimioteca de barbitúricos, dentre eles o fenobarbital. Esta é uma rota fictícia, onde em apenas 2 etapas e empregando-se oito reagentes ocorre a formação ao mesmo tempo de 16 ureídas. A síntese em paralelo pode ser realizada em solução ou em fase sólida e o planejamento da rota sintética deve levar facilmente à sua "paralelização".

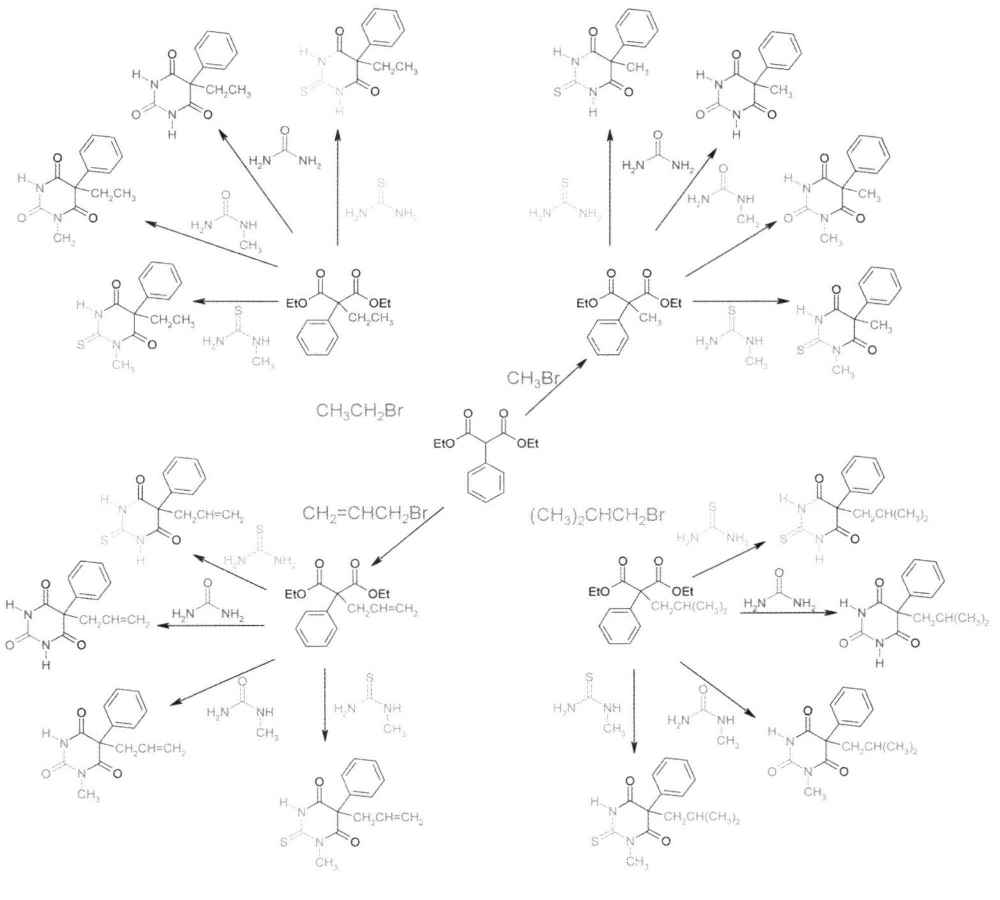

8 reagentes ⇨ 2 etapas ⇨ 16 produtos

Figura 5.2 Síntese combinatória em paralelo para a obtenção de barbitúricos.

a) Síntese em paralelo em fase sólida

Como será abordada detalhadamente no item 5, a síntese em fase sólida utiliza como auxiliar da síntese um suporte sólido insolúvel – resina – ao qual o substrato é fixado através de uma ligação covalente na primeira etapa da rota. Estas resinas devem ser facilmente separadas por filtração simples ou centrifugação, objetivando eliminar o excesso de reagentes, sais, produtos secundários e solventes.

b) Síntese em paralelo em solução

A estratégia de síntese em paralelo em solução é uma das mais empregadas atualmente em combichem. As principais vantagens são as reações ocorrerem com os reagentes solúveis em um solvente, o que permite uma maior variedade de reações, e, sobretudo, o monitoramento das reações, já que pode ser realizado pelos métodos usuais, rotineiros, como a cromatografia. Os principais inconvenientes são o isolamento muitas vezes difícil do produto e sua purificação. Os primeiros experimentos de paralelização da síntese em solução foram realizados utilizando um suporte solúvel: o suporte (resina) empregado foi um polímero de polietilenoglicol (PEG), solúvel nos solventes aquosos e orgânicos. Nessa técnica, a reação é realizada com o polímero solúvel de PEG também ligado covalentemente ao substrato e intermediários, e este é precipitado da solução ao final de cada etapa com a adição de um solvente adequado (como o éter etílico), filtrado e então re-solubilizado para prosseguir na etapa posterior. Contudo, estas resinas são mais caras e menos estáveis podendo gerar impurezas durante a síntese. O mais comum na síntese em solução é o emprego das resinas insolúveis para capturar impurezas, intermediários ou mesmo produtos, as chamadas "resinas captadoras de impurezas".

b.1) Resinas captadoras de impurezas

Uma das técnicas utilizadas para facilitar a síntese combinatória em solução é o uso de "resinas captadoras de impurezas" (*scavengers resins*). O princípio consiste na utilização de uma resina acoplada a um *linker* capaz de reagir com excesso de reagente, com um intermediário reacional ou ainda com o produto da síntese (Fig. 5.3). Desta forma, estas resinas permitem a retirada da solução dos reagentes presentes em excesso, aumentando a pureza dos produtos reacionais. Com esta técnica podem-se realizar as sínteses em solução paralelamente e empregar uma resina para a purificação. A filtração remove o *scavenger* ligado à impureza, deixando o produto com alto grau de pureza na solução. Igualmente, pode ser usadas resinas acopladas com catalisadores ou reagentes especiais como agentes de acoplamento, ácidos borônicos, fosfinas, dentre outros.

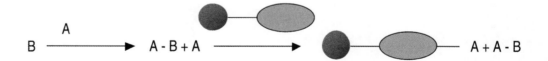

FIGURA 5.3 Princípio da utilização de uma resina *scavenger*.

Há no mercado vários tipos de resinas, que muitas vezes são as mesmas empregadas na síntese em fase sólida. A grande maioria são modificações da Resina Merrifield, com as variações no *linker*. Alguns exemplos de resinas utilizadas nas purificações podem ser visualizados na Figura 5.4.

Resinas do tipo básico, com linkers etilenodiamina, aminometila, morfolina, piperidina ou poliaminas reagem com prótons, cloretos de acila, anidridos, cloretos de sulfonila ou isocianatos.

Resinas eletrofílicas do tipo aldeído, isocianato, ácido sulfônico ou anidrido isatoico permitem purificar as soluções de aminas, hidroxilaminas e hidrazinas utilizadas como reagentes.

resina piperazina
resina anidrido isatoico
resina morfolina
resina isocianato
N=C=O
resina etilenodiamina
resina 4-benzilóxibenzaldeído
CHO
A
B

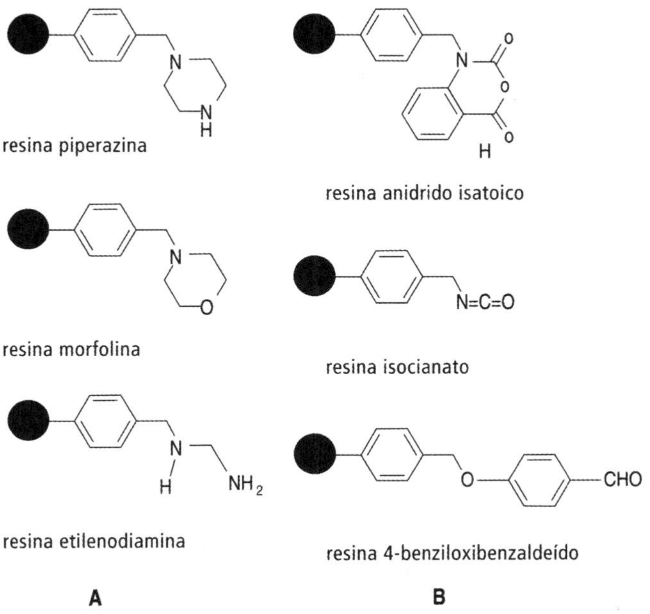

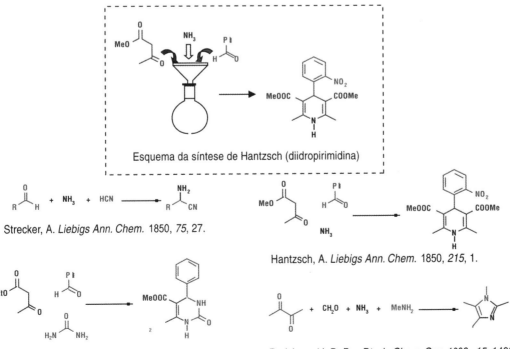

FIGURA 5.4 Exemplos de resinas *scavengers*: A) *scavengers* básicos; tB) *scavengers* para "capturar" nucleófilos.

b.2) Reações multicomponentes

Reações multicomponentes (RMC) são reações realizadas com no mínimo três blocos de construção que fornecem o produto em uma etapa (*one pot*) com grande economia atômica, pois todos os componentes encontram-se no produto. Devido a sua habilidade em combinar diversos blocos de construção para gerar uma gama de produtos altamente funcionalizados, as RMC causam bastante impacto em química medicinal e especialmente na química combinatória, embora tenham surgido no

Esquema da síntese de Hantzsch (diidropirimidina)
Strecker, A. *Liebigs Ann. Chem.* 1850, *75*, 27.
Hantzsch, A. *Liebigs Ann. Chem.* 1850, *215*, 1.
Biginelli, P. *Gazz. Chim. Ital.* 1891, *23*, 360.
Radzisewski, B. *Ber. Dtsch. Chem. Ges.* 1882, *15*, 1499.

FIGURA 5.5 Exemplos das primeiras reações multicomponentes.

século XIX. A possibilidade de modificações nos blocos de construção, a geração dos produtos em altos rendimentos, se possível em condições estequiométricas para evitar a necessidade de purificação extensa, as tornam ótimas para aplicação em química combinatória, sendo atualmente muito difundidas. Alguns exemplos das primeiras reações multicomponentes publicadas podem ser visualizados na Figura 5.5, inclusive a reação de formação do bloqueador de canais de cálcio, Adalat®, sintetizado por Vater e colaboradores em 1972.

Síntese de misturas: misturar e dividir (*Mix-and-split synthesis*)

A utilização de suportes sólidos nas reações químicas provocou tamanha revolução no isolamento de produtos que técnicas ainda mais arrojadas foram desenvolvidas com o objetivo de maximizar a produção de novas moléculas. Dentre estas técnicas, a mais difundida é a de *Mistura-Divide*, que é usada para a obtenção de quimiotecas com grande diversidade química de produtos.

Talvez este seja o método mais difundido, sendo inclusive utilizado como exemplo ilustrativo quando se discute o assunto. A concepção básica consiste em dividir os produtos de uma etapa de síntese, fazer com que cada uma destas partes reaja com diferentes reagentes e, após o término da reação, misturar tudo num mesmo recipiente e realizar nova separação. Sucessivamente, formam-se produtos em progressão geométrica a cada nova etapa de separação e mistura.

De acordo com a Figura 5.6, inicialmente separa-se a resina em três porções, depois ligam-se três diferentes substratos A, B e C ao suporte; em seguida, os polímeros modificados são misturados e separados novamente em três partes. Cada uma destas porções, contendo os três ligantes A, B e C, numa segunda etapa, reagem com D, E e F ocasionando, assim, a formação de nove diferentes moléculas ligadas aos polímeros.

Estas três quimiotecas podem prosseguir na rota com uma segunda mistura e divisão, com a obtenção de três grupos contendo cada um todas as moléculas formadas nas etapas anteriores. Novamente, cada um dos grupos poderá entrar em contato com diferentes reagentes formando, ao término da terceira etapa, vinte e nove diferentes moléculas separadas em três grupos, e assim sucessivamente.

Esta técnica foi criada pelo Professor Árpád Furka[2], em 1982, que, por este feito, é considerado o verdadeiro inventor da Química Combinatória. Isto porque seu método permite a produção em massa de moléculas potencialmente bioativas. Após os experimentos do Prof. Furka, houve uma grande mudança de paradigmas na química medicinal, objetivando transformar o processo de planejamento de novos fármacos mais rápido, mais fácil e mais eficaz. Em um de seus primeiros experimentos foram sintetizados 180 pentapeptídeos em apenas 15 etapas. Até então, para se sintetizar os mesmos pentapeptídeos, um a um, eram necessários centenas de etapas.

A Tabela 5.1 explora o número de possibilidades existente para a combinação de diferentes resíduos de aminoácidos para a síntese de peptídeos. Nesta proporção, antes de 1982, para sintetizar 3.200.000 pentapeptídeos artesanalmente, teríamos: 3.200.000 x 5 = 16.000.000 de dias, isso levaria a 43.800 anos de trabalho ininterrupto!

---

[2] Dr. Árpád Furka, Professor do Departamento de Química Orgânica, Universidade de Eötvos Lorand, Budapest, Hungria. Para saber mais visite o site: *http://szerves.chem.elte.hu/furka/*. Leia um comentário dele ao final deste capítulo.

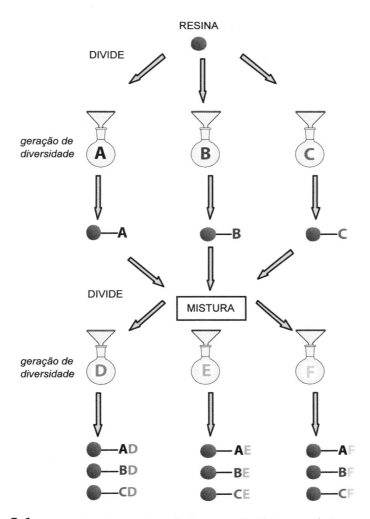

Figura 5.6 Método de síntese *mix-split* (mistura-divide) em química combinatória.

No exemplo anterior, fica evidente que esta estratégia de síntese simultânea de moléculas em meios de reação compartilhados leva a uma drástica redução de tempo e custo operacional. A obtenção de vinte e nove diferentes moléculas com a utilização de apenas nove reações é um resultado que só tornou-se viável com o emprego de suportes sólidos, em face de sua característica de simplificar a purificação dos produtos ao final de cada etapa.

Tabela 5.1 Possibilidades de síntese de peptídeos
AAn, AA = resíduos de aminoácios

Número de resíduos	Nome	Número de possibilidades
2	dipeptídeo	400
3	tripeptídeo	8.000
4	tetrapeptídeo	160.000
5	pentapeptídeo	3.200.000
6	hexapeptídeo	64.000.000
7	heptapeptídeo	

Síntese em fase sólida

A Síntese Orgânica em Fase Sólida (SOFS, *Solid Phase Organic Synthesis – SPOS*) é a síntese de compostos realizada por meio de um suporte polimérico insolúvel (Fig. 5.7), o qual permite o contato da molécula a ser modificada com reagentes do meio reacional, ao mesmo tempo em que possibilita a rápida e seletiva remoção do produto ao término da reação. O suporte é constituído da matriz polimérica, ligante (*linker*) e o grupo funcional, responsável pela ligação ao substrato.

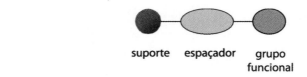

suporte   espaçador   grupo
funcional

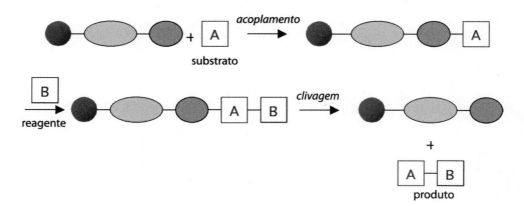

FIGURA 5.7 Síntese em fase sólida esquematizada.

O princípio geral consiste na manutenção do substrato permanentemente ligado ao polímero durante todo processo de síntese (Fig. 5.8). No início da síntese esse polímero (chamado comumente de "resina" ou "lanterna[3]") é ligado covalentemente ao material de partida, etapa de *acoplamento*, enquanto que a rota sintética prossegue com as modificações sendo realizadas no material de partida ligado ao suporte. Ao final de cada etapa, é realizada a purificação, que se constitui na lavagem do conjunto polímero-substrato com diversos solventes de diferentes graus de polaridade (chamado comumente de *coquetel de lavagem*). Como todos os reagentes que não reagiram encontram-se livres na solução, a passagem de solvente através da malha polimérica permite a rápida purificação pelo simples arraste das impurezas diluídas. No final, na última etapa (*clivagem*), quando o produto desejado está pronto, usa-se uma derradeira reação para liberar o produto do suporte.

Esta simplificação do processo experimental tem várias vantagens:
1. Permite a purificação dos intermediários com grande facilidade.
2. Evita a utilização de métodos muitas vezes dispendiosos e demorados (cromatografia em coluna, cristalização etc.).

---

[3] Lanternas SynPhase®, comercializadas pela Mimotopes, Austrália, nas quais os sítios reativos estão enxertados em superfícies poliméricas sólidas. Veja mais em: *www.mimotopes.com*.

3. Permite o uso de excesso de reagentes a fim de aumentar rendimentos de reações reversíveis.
4. O produto da reação é liberado do suporte com um grau de pureza elevado.
5. O suporte polimérico atua como um grupo protetor, isso eleva o grau de quimiosseletividade das reações.
6. Devido à pouca variação de trabalho, pode-se recorrer à automação possibilitando a síntese de milhares de moléculas puras de uma só vez.

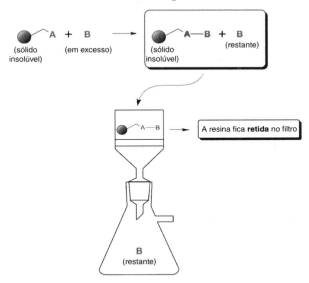

FIGURA 5.8 Etapa da purificação dos intermediários em SOFS.

Quando o produto final é obtido, sua clivagem do suporte pode ser realizada com diversas reações como: ataque nucleofílico, hidrólise, reações de redução, enzimáticas, dentre outros. Salienta-se que, a própria clivagem pode constituir-se em uma etapa de modificação adicional, de geração de diversidade, devendo ser levada em consideração quando do planejamento da síntese.

Suportes poliméricos – resinas

Embora existam muitos polímeros diferentes disponíveis comercialmente para a síntese em fase sólida, há um conjunto de características básicas que podem ser atribuídas a todos eles. Em primeiro lugar, pode-se descrever uma resina utilizada na SOFS como uma rede complexa, na qual uma estrutura retilínea básica é constituída de unidades monoméricas constantes. Estas estruturas são interligadas transversalmente através de monômeros bifuncionais por meio de ligações cruzadas, *cross-linking*, formando, na maioria delas, uma esfera porosa (*bead*), de tamanho padronizado. Em intervalos mais ou menos regulares surgem funções químicas diferenciadas, chamadas de *ligantes*, *linkers*, que serão responsáveis pela ligação ao substrato. Estas funções podem ser constituídas apenas por um ou diversos grupos funcionais, embora geralmente apenas um local seja suscetível ao ataque químico. A Figura 5.9 ilustra com o desenho esquematizado de uma das resinas mais empregadas: a Resina Wang.

As resinas geralmente possuem um arcabouço formado por poliestireno, o qual possui certo grau de coesão proporcionada por ligações cruzadas de divilbenzeno (PS/DVB). Esta estrutura básica é a responsável pelas características físico-químicas, tais como capacidade de solvatação, estabilidade à agitação mecânica, grau máximo de descompactação frente a solventes (inchamento). Quanto maior o grau de ligações cruzadas, maior é a rigidez da rede como um todo, sendo que as resinas mais empregadas em SOFS são constituídas de 1-2% de divinilbenzeno.

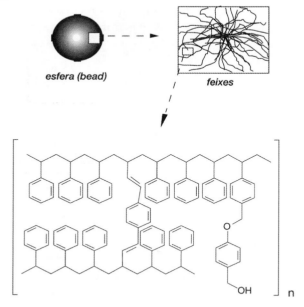

FIGURA 5.9 Visão esquematizada da Resina Wang: um *bead*, rede polimérica insolúvel de poliestireno e divinilbenzeno e os ligantes de OH.

Na ausência de solventes, isto é, secas, as resinas encontram-se inteiramente compactadas devido às interações intramoleculares. Devido a este fato, os ligantes não estão satisfatoriamente expostos aos ataques dos substratos e reagentes nem à interação com solventes, dificultando com isso a difusão dos mesmos para o interior da estrutura. Quando ocorre o contato com o solvente, há a gradual diminuição de contato intramolecular da rede polimérica, à medida que o aumento de interação solvente-polímero promove a liberação dos ligantes. Uma ampla faixa de solventes compatíveis com as resinas pode ser utilizada nas reações, tais como dimetilformamida, tetraidrofurano, acetonitrila, diclorometano, dimetilsulfóxido, *N*-metilpirrolidona, dentre outros. Os arcabouços de poliestireno, por exemplo, quase sempre são melhores solvatados por solventes polares apróticos, pois suas características hidrofóbicas impedem uma solvatação satisfatória com solventes mais polares, como a água ou os álcoois. Estes últimos podem ser utilizados apenas como co-solventes na presença de solventes com alta capacidade de solvatação, como por exemplo, o tetraidrofurano, equilibrando a sua baixa capacidade de expandir a resina. Os solventes antes de entrarem em contato com a resina, devem ser devidamente destilados e preservados com agentes desidratantes. Após o contato, é interessante manter ambos (solvente e resina) sob suave agitação com gás inerte por cerca de quinze minutos para possibilitar uma boa descompactação; somente após este período são adicionados os demais reagentes. Gases inertes são bastante utilizados porque proporcionam um ambiente sem umidade, ao mesmo tempo em que promovem uma suave agitação do meio.

Por outro lado, as características químicas tais como o tipo de grupo funcional existente para a ligação com o substrato, condições de clivagem, grupo funcional formado após clivagem, são determinadas pelo *linker*. Há muitas maneiras de realizar o acoplamento do substrato à resina, sendo que a mais comum é promovida através de reações via S_N2. Pode-se citar como exemplo o caso da resina Merrifield acoplando a um ácido carboxílico em meio básico, em que o átomo de carbono metilenico sofre o ataque do grupo carboxilato, com consequente expulsão do átomo de cloro (Fig. 5.10). A ligação do éster com a resina pode ser hidrolisada na clivagem usando, geralmente, ácido trifluoracético o que promove a formação de um ácido carboxílico no produto. A resina Merifield originou praticamente a maioria das resinas disponíveis no mercado atualmente. A necessidade de condições mais brandas para a clivagem dos produtos levou ao desenvolvimento de dezenas de diferentes grupos, como por exemplo, a Resina Wang.

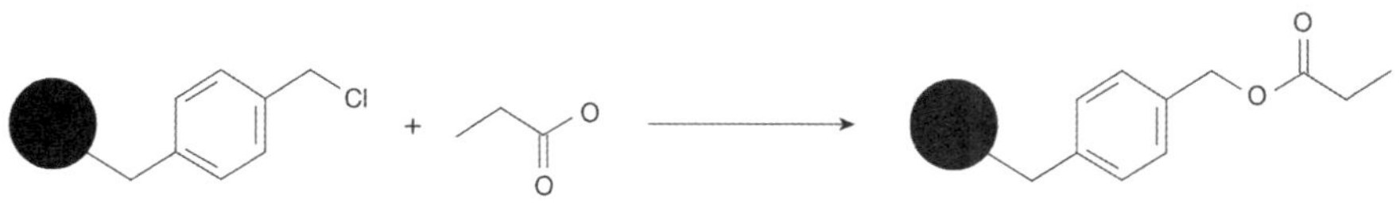

FIGURA 5.10 Resina Merrifield em reação com ácido carboxílico.

As reações em fase sólida podem ser realizadas com qualquer temperatura, inclusive sob irradiação das micro-ondas, pois as resinas de PS/DVB mantêm-se estáveis a estas condições reacionais. A necessidade de temperaturas mais altas é bastante frequente, pois grande parte dos locais de ligação é de difícil acesso (interior do polímero). Um fato em comum entre as resinas é que agitações mecânicas excessivas (agitadores magnéticos, por exemplo) podem ocasionar a ruptura das mesmas, acarretando consideráveis perdas da massa total do polímero. Para contornar esse problema, costuma-se empregar agitadores mecânicos (*shakers*), aparelhos de ultrassom ou borbulhamento de gás inerte, a fim de promover a adequada agitação do meio reacional.

Controle das reações em fase sólida

Toda reação química deve ser acompanhada: este é o dogma do químico sintético. Quando a síntese é realizada em solução, o monitoramento é fácil, geralmente feito por cromatografia ou RMN (ressonância magnética nuclear). No caso do acompanhamento das reações realizadas em fase sólida, esses métodos não podem ser aplicados na rotina, uma vez que a resina, insolúvel, dificulta seus usos. Sendo assim, o controle das reações com suporte sólido é altamente desejável e é ainda um dos desafios desta metodologia.

Possivelmente, a mais comum das técnicas de controle de reação seja a cromatografia em camada delgada (CCD). Entretanto, a ausência de substratos em solução dificulta o seu uso, pois o polímero, devido à sua massa, não migra com a passagem de solventes. Logo, esta técnica é empregada em duas condições: quando os reagentes encontram-se em quantidades equimolares (tornando-se possível detectar alterações em suas concentrações) ou na etapa de clivagem, quando monitoramos a liberação do produto. Como na maioria das reações em fase sólida costuma-se usar os reagentes em concentrações superiores às dos substratos de partida, a primeira alternativa é restrita a poucas situações. Assim, o controle pode ser realizado mediante clivagem e liberação do intermediário, com consequente análise do mesmo. Esse método é conhecido como *cleave and analyse*. O intermediário liberado pode então ser analisado por qualquer metodologia qualitativa ou quantitativa aplicada para compostos em solução. No entanto, a utilização desta prática sofre muitas restrições pois, além de constituir-se em uma etapa a mais a ser realizada, as condições necessárias para clivagem podem ocasionar degradação de intermediários.

Outra alternativa é o doseamento de compostos liberados durante a reação. Por exemplo, no caso da Resina Merrifield, a primeira etapa da reação, isto é o acoplamento ao substrato de partida, libera um átomo de cloro, que pode ser identificado com o auxílio de nitrato de prata (Método de Volhardt). O precipitado branco formado pode também ser dosado, permitindo acompanhar a extensão de acoplamento do substrato ao polímero. Entretanto, como o cloro é liberado apenas durante a primeira etapa, devem-se utilizar diferentes métodos de identificação para os passos posteriores.

Os ensaios colorimétricos são reações que formam rapidamente produtos estáveis e produzem coloração característica definida. São testes que podem, em geral, ser utilizados para identificação de novos grupos funcionais de moléculas ainda ligadas ao polímero. A sensibilidade é relativamente menor em relação aos testes em solução, mas geralmente podem ser observadas alterações na cor dos *beads* e, mesmo sendo ensaios destrutivos, utilizam-se poucas quantidades de amostra mantendo a viabilidade do teste. Desta forma, existem métodos colorimétricos para muitos grupos funcionais, como: aminas, aldeídos, álcoois, tióis, ácidos carboxílicos entre outros grupos. São ensaios qualitativos que detectam grupos funcionais e quantitativos, como no caso do ensaio de Bratton-Marshall, para detectar sulfonamidas, e são realizados juntamente com um controle positivo e um controle negativo para efeitos de comparação.

Dentre os testes colorimétricos existentes, um dos mais usados em SOFS é o Teste de Kaiser, que é um ensaio clássico utilizado para a detecção de aminas primárias tendo ninhidrina como reagente identificador. O resultado positivo é caracterizado por uma solução de cor azul e a reação com resina torna a suspensão de vermelha à violeta. Quando o resultado for negativo, a suspensão torna-se azul e a resina amarela ou a solução fica amarela e a resina com cor azul clara, como pode ser visualizado na Figura 5.11 na reação de acoplamento entre o ácido *p*-nitrobenzoico e a amina acoplada 3 (Fig. 5.13). O tubo A contém uma amostra positiva, com a glicina em solução; o tubo B contém a resina com a amina acoplada 3; no tubo C está o produto 4, resultante do acoplamento do ácido *p*-nitrobenzoico com o *linker* aminado sem coloração já que não existe mais a amina primária. O teste prova que o acoplamento com o ácido ocorreu, sendo Kaiser positivo, pois se verifica perfeitamente a coloração no tubo B e ausência de coloração no tubo C.

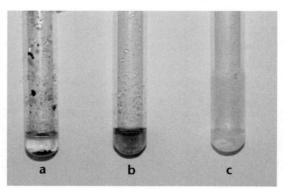

FIGURA 5.11 Teste de Kaiser: a) glicina, b) amina acoplada 3 e c) amida acoplada 4.

Para detectar se o acoplamento do substrato à resina Merrifield foi realizado com sucesso, emprega-se o Teste do NBP, 4-(4 -nitrobenzil)-piridina. É considerado um resultado positivo quando a resina apresenta uma coloração violeta, isto caracteriza a presença de haletos de alquila, ou seja, resina Merrifield (RM) que não reagiu. Este teste colorimétrico tem 99% de precisão e o mecanismo da reação está esquematizado na Figura 5.12.

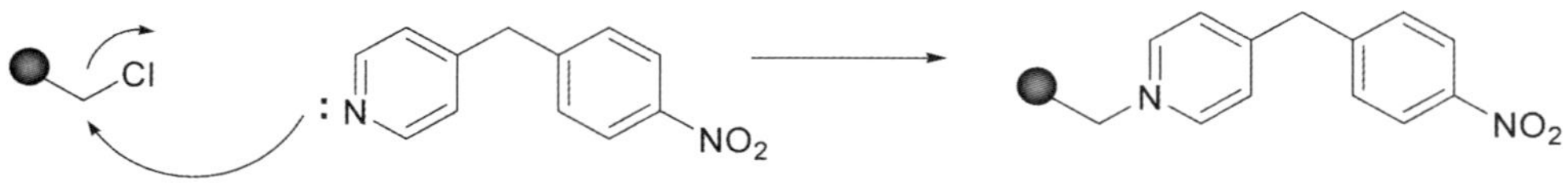

Figura 5.12 Mecanismo da RM com o NBP.

Ainda em relação aos métodos mais facilmente executáveis, é bastante comum o emprego de espectroscopia no infravermelho. É possível observar o surgimento de bandas características quando o produto apresenta grupos químicos com acentuada absorção (grupo carbonila, por exemplo), assim como alterações na região da impressão digital. Uma das maneiras de monitoramento é a retirada de alíquotas em intervalos regulares de tempo e acompanhar o surgimento ou desaparecimento de uma determinada banda de absorção característica. Entretanto, caso ocorra a formação insuficiente de produto em determinada etapa, a presença do mesmo pode ser mascarada pela forte absorção do polímero. Isso pode ser contornado simplesmente subtraindo as bandas do polímero quando da execução do espectro do intermediário em questão. O Infravermelho é, sem dúvida nenhuma, a técnica mais útil aplicada na síntese em fase sólida para controlar a reação diretamente com o polímero ligado aos intermediários. Esse é um método clássico, simples, de baixo custo, presente na maioria dos laboratórios de síntese orgânica.

Para observar a aplicabilidade dos métodos de monitoramento reacional, desenvolveu-se uma rota sintética em fase sólida. Os monitoramentos foram efetuados por infravermelho e teste colorimétrico usando a Reação de Kaiser, observe na rota da Figura 5.13.

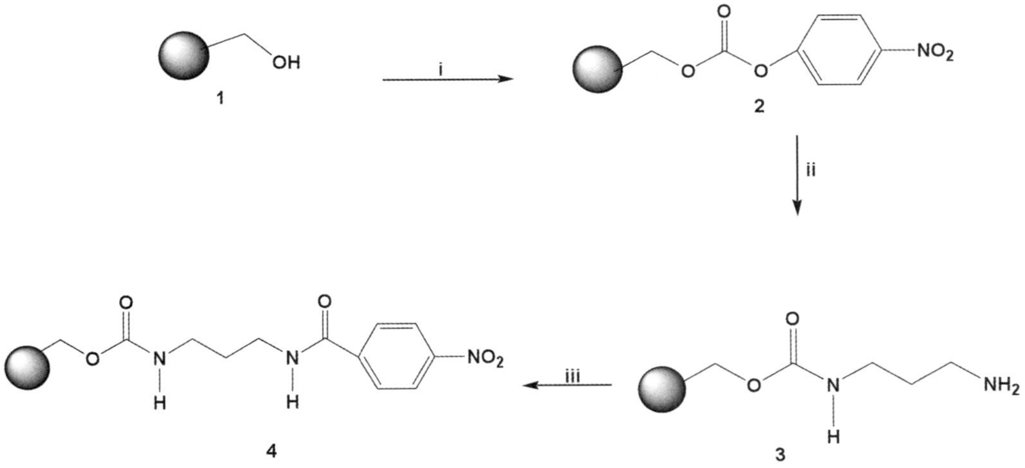

Condições reacionais: i) resina Wang (1g, 0,65 equiv.), p-nitro-fenilcloroformato (392mg, 3 equiv.), piridina (0,05mL, 0,9 equiv.), 2h, temperatura ambiente. Coquetel de lavagem: clorofórmio, DMF, etanol e éter etílico. **ii)** Carbonato 2 (1g, 0,65 equiv.), propilenodiamina (0,33mL, 10 equiv.), diclorometano, 2h, temperatura ambiente. Coquetel de lavagem: clorofórmio, DMF, etanol e éter etílico. **iii)** ácido p-nitrobenzoico (0,21g, 1,29 equiv.), DIC (0,5mL, 5 equiv.), HOBT (0,3µg, 0,02 equiv.), 1,5mL de DMF, 900 W, 12 min. Coquetel de lavagem: o mesmo das etapas anteriores.

Figura 5.13 Exemplo de uma rota sintética em fase sólida com monitoramento.

O monitoramento reacional com o infravermelho está representado na Figura 5.14 com os respectivos espectros. Na etapa de acoplamento, observa-se o aparecimento da banda do carbonato 2 em 1765 cm^{-1} e duas bandas características do grupo nitro em 1512cm^{-1}, uma banda mais forte e em 1346cm^{-1} uma banda mais fraca.

Na segunda etapa reacional observa-se o desaparecimento das bandas características do grupo nitro e o deslocamento da banda carbonila de carbonato em 1765 cm⁻¹ para 1669 cm⁻¹, correspondente à carbonila do carbamato 3. O acoplamento do *linker* amina 3 ao ácido *p*-nitrobenzoico é identificado pelas bandas do grupo nitro em 1512 cm⁻¹ e 1346 cm⁻¹. Nota-se que a banda de amida I está encoberta pela do carbamato em 1669 cm⁻¹. O sucesso dessa etapa foi confirmado pelo Teste de Kaiser que está exemplificado na Figura 5.11, já mencionado anteriormente.

Resina Merrifield

Como foi concebida inicialmente para a síntese de peptídeos, a resina Merrifield é especialmente suscetível à ligação do íon carboxilato em reações realizadas em temperaturas que variam entre -60 e 280°C. Quanto aos reagentes para clivagem, selecionando a hidrólise como estratégia, utilizam-se principalmente ácidos fortes como ácidos fluorídrico, trifluoracético ou trifluormetanossulfônico.

A resina Merrifield, apesar de ter sido desenvolvida a mais de quarenta anos, ainda é muito utilizada, principalmente pelo seu baixo custo. Pode ser encontrada sob esta denominação com variações no seu índice de ligações cruzadas (poliestireno - 1% DVB, poliestireno - 2% DVB), tamanho (30-60 mesh, 70-90 mesh, 100-200 mesh, 200-400 mesh) ou concentração de grupos ligantes (de 0,6 a 4,3 mmol Cl/g resina). Estas variações acarretam sensível alteração na capacidade de intumescimento e ligação da resina. Encontram-se disponíveis no mercado resinas derivadas da Merrifield, com o grupo ligante modificado, com o objetivo de facilitar a ligação de determinado grupo funcional ou amenizar condições de clivagem, e com nome comercial modificado. Este é o caso das resinas Wang e Cloreto de Tritila, disponíveis e que possuem o mesmo arcabouço da Resina Merrifield.

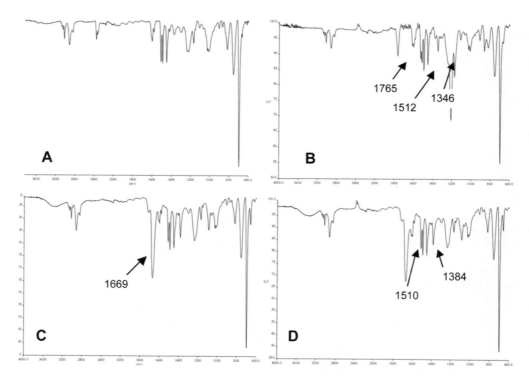

FIGURA 5.14 Espectros no infravermelho da rota sintética do esquema da Figura 13. A: resina Wang; B: intermediário 2; C: intermediário 3; D: produto 4.

Síntese proposta para aulas práticas de graduação

Síntese em fase sólida do *p*-amino benzoato de metila

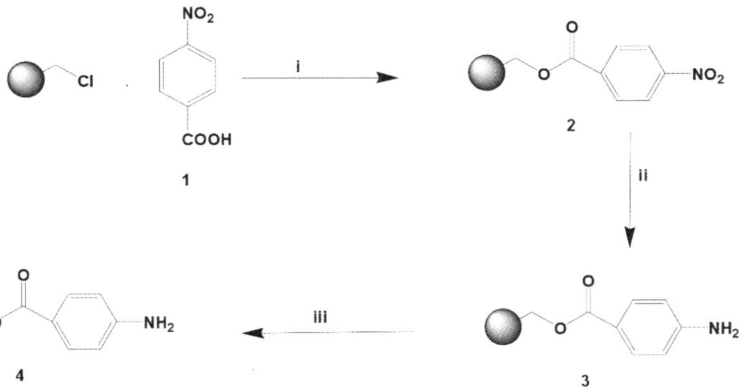

Condições reacionais: i) CS2CO3 (0,5 equiv.), KI (1,1 equiv), MW 900W, 15 min, DMF. ii) Sn0 (3,3 equiv.), HCl (4 equiv.), THF, refluxo 30 min. iii) MeO-Na+ (2 mol L-1 em MeOH, 0,5 equiv.).

Figura 5.15 Síntese do ácido p-aminobenzoico metil éster com resina Merrifield.

Metodologia

Materiais utilizados

Resina Merrifield (resina 0,6-2,0 mmol/g, 100-200 mesh, poliestireno - 1% DVB)
Carbonato de Césio
Ácido *p*-nitrobenzoico
Iodeto de Potássio
Ácido Clorídrico
Estanho
Sulfato de Sódio
Metanol
Tetrahidrofurano
Dimetilformamida
Etanol
Água destilada
Etapas reacionais

Reação de acoplamento

a) Pese 600 mg de resina Merrifield (3,9 mmol) e suspenda em 5 mL de DMF anidro e borbulhe com nitrogênio por *ca.* de 15 min. Trate a suspensão com ácido *p*-nitrobenzoico (1, 300 mg, 1 equiv.), Cs_2CO_3 (293.4 mg, 0,5 equiv.;) e KI (273.93 mg, 1,1 equiv.).

b) Ao final, o intermediário 2 deve ser filtrado e lavado com MeOH e Et_2O, deixar secar no dessecador e efetuar espectros de infravermelho.

Bandas características: essa reação de acoplamento de ácido *p*-nitrobenzoico 1 na resina Merrifield foi vista com o surgimento da faixa adicional em 1740 cm^{-1}, correspondente à vibração de estiramento da ligação C=O.

Redução do grupo nitro

a) Pese 200 mg da resina acoplada 2 (1,3 mmol) e suspenda em THF seco, borbulhe com nitrogênio por *ca.* de 15 min. Depois, trate com Sn° (195,8 mg, 3.3 equiv.) e HCl 36% (9,8 equiv.). Agite por 30 minutos sob refluxo.

b) Ao final, o intermediário 3 deve ser filtrado e lavado com THF/água (1:1, v/v), seguido de Et_2O, deixar secar no dessecador e efetuar espectros de infravermelho.

Bandas características: essa reação de acoplamento de ácido *p*-nitrobenzoico 1 na resina Merrifield foi acompanhada pelo surgimento da faixa adicional em $1740cm^{-1}$, correspondente à vibração de estiramento da ligação C=O.

Etapa de clivagem da resina

a) Pese 200mg da resina acoplada 3 (1,3mmol) e suspenda em THF seco, borbulhe com nitrogênio por cerca de 15 min. Adicione 1,25 mL (0,5 equiv.) de metóxido de sódio em metanol (solução recentemente preparada), e deixe em refluxo por 30 minutos. A reação pode ser acompanhada por CCD.

b) Após esse tempo, a resina deve ser filtrada e lavada com MeOH e Et_2O.

c) A porção orgânica será seca com Na_2SO_4 e evaporada sob vácuo obtendo-se o *p*-aminobenzoato de metila 4. O rendimento global permanece em torno de 35%.

d) A liberação do produto final da resina com metóxido de sódio é realizada em 30 min, monitorada pelo desaparecimento da absorção de éster ($1740 cm^{-1}$). Ao mesmo tempo, a reação pode ser acompanhada por CCD (EtOH/CH_2Cl_2 1:4), e o metil *p*-aminobenzoato é isolado e caracterizado por ^1H NMR. Nessa análise observa-se: ^1H NMR ($CDCl_3$, d ppm): 3,8 (3H, s, CH_3-O), 6,4 (2H, d, *J* 8.5 Hz, Ar-H), 7,8 (2H, d, *J* 8.5 Hz, Ar-H).

Uma descrição do Professor Furka

O Prof. Árpád Furka, bem como o Prof. Bruce Merrifield, é o pioneiro da química combinatória, e criou novos paradigmas e uma nova forma de pensar a química medicinal sintética. Vale a pena destacar um de seus pensamentos sobre química combinatória retirados de seu livro *Combinatorial chemistry: principles and techniquess* disponível para download gratuito *on line* (*http://szerves.chem.elte.hu/furka/*):

Na pesquisa farmacêutica, um dos pontos de estrangulamento sempre foi sintetizar um grande número de compostos necessários no processo de descoberta. Antes de 1980, a abordagem tradicional de preparação e testes dos compostos um a um era realizada. Contudo, nas indústrias eram desenvolvidos e aplicados métodos sofisticados para melhorar a produtividade na produção em massa de mercadorias. Vale a pena comparar a produção de compostos com a produção de automóveis. Compostos são preparados passo a passo a partir dos materiais de partida. Os automóveis também são montados a partir de peças. Os candidatos a fármacos são substâncias originais todos diferentes uns dos outros. Os automóveis também podem ser considerados únicos produtos uma vez que podem variar, por exemplo, em suas cores, em seus motores, em sua transmissão, etc. Eles certamente diferem uns dos outros em suas fechaduras e chaves. Os primeiros fabricantes de automóveis no mundo foram Panhard & Levassor em 1889 e Peugeot em 1891. Estes fabricantes franceses não padronizavam os modelos de seus automóveis, cada carro era diferente do outro. O primeiro carro padronizado foi o Velo Benz por Benz em 1895, onde ele fabricou 134 modelos idênticos. Ransome Eli Olds inventou o conceito básico da linha de montagem em 1901 e Henry Ford a aprimorou e instalou em sua fábrica de automóveis em 1913. Como resultado, em 1927, 15 milhões do Modelo Ford T foram fabricados. Como resultado das melhorias e aplicação da automação, hoje as ruas estão cheias de carros. Isso mostra o poder de organizar o processo de produção e aplicação de automação. Esses métodos que provaram ser muito bem sucedidos na indústria automobilística e outras, não foram aplicados na produção em massa de compostos. Após 1980 a situação começou a mudar..." (Tradução livre das autoras).

Referências bibliográficas

ANTONOW, D., *et al.; J. Braz. Chem. Soc.*, 15. 2004.

ATTARDI, M. E., *et al.; Tetrahedron Lett.*, 41. 2000. p.7.395.

BARREIRO, E. & MAN, C.A. *Química medicinal: as bases moleculares da ação dos fármacos.* Porto Alegre, Artmed, 2008.

BOOTH, S., *et al. Tetrahedron*, 54. 1998. p.15.385.

DIAS, R.L.A. & CORRÊA, A. G. *Química nova*, 24. 2001. p.236.

EIFLER-LIMA *et al. J. Braz. Chem. Soc.*, 21. 2010. p.1.401.

FENNIRI, H. (ed.). *Combinatorial chemistry: pratical approach.* Oxford, Oxford University Press, 2000.

FRECHET, J. M. *Tetrahedron*, 37. 1980. p.663.

FRÜCHTEL, J.S., *et al. Angew. Chem. Int. Ed. Engl.*, 35. 1996. p.17.

FURLÁN, R.L.E., *et al. Quím. Nova*, 19. 1996. p.411.

GAGGINI, F., *et al. J. Comb. Chem*, 6. 2004. p.805.

GORDON, E.M. & KERWIN Jr., F. (eds.) *Combinatorial chemistry and molecular diversity in drug discovery.* Nova York, Wiley-Liss, 1998.

GRAEBIN, S.C. & Eifler-Lima, V.L. *Quim. Nova*, 28. 2005. p.73.

HAN, H., *et al. Proc. Natl. Acad. Sci. USA*, 92. 1995. p.6.419.

HERMKENS, P. H.; OTTENHEIJM, H.; & REES, D. *Tetrahedron*, 52. 1996, p.4.527.

_____. *Tetrahedron*, 53. 1997. p.5.643.

HOGAN, J.C. Jr. *Nature*, 384. 1996. p.17.

KAISER, E., *et al. Anal. Biochem.*, 34. 1970. p.595.

MARIK, J.; *et al. Tetrahedron Let.*, 44. 2003. p.4.319.

MARQUARDT, M. & EIFLER-LIMA, V. L. *Quim. Nova*, 24. 2001. p.846

MERRIFIELD, R. B. *J. Am. Chem. Soc.*, 85. 1963. p.2.149.

PATRICK, G. L. *An introduction to medicinal chemistry.* Oxford, Oxford University, 2001.

THOMPSON, L. A. & ELMANN, J. *Chemical Reviews, 96.* 1996. p.555.

VATER, W. *et al. Arzneimittel-Forschung*, 22. 1972. p.1.

VERDINE, G.L. *Nature*, 384. 1996. p.11.

WERMUTH, C. *The practice of medicinal chemistry.* London, Academic Press, 1996.

Para mais informações sobre síntese em fase sólida e química combinatória, veja os seguintes sites:

http://www.sciencedirect.com/science/journal/14643383
http://www.5z.com/divinfo/spos.html
www.polymerlabs.com/stratospheres/
www.nature.com/nchembio
www.spoc.cc
www.acs.org

www.combichem.ru/confer/program06.htm
www.selectscience.net/combinatorial-chemistry
www.epic.ed.ac.uk
www.combinet.net
www.biospace.com

CAPÍTULO 6

Modelagem molecular

THAÍS HORTA ÁLVARES DA SILVA

Introdução

Modelos são representações simplificadas de objetos e fenômenos físicos reais. A modelagem consiste na construção e manipulação de modelos com objetivo de compreender mais profundamente as entidades por eles representadas.

A modelagem molecular consiste na geração, manipulação e/ou representação realista de estruturas moleculares e cálculo das propriedades físico-químicas associadas. Ela pode ser assistida por computadores. O instrumento matemático usado é a química teórica, e a computação gráfica é a ferramenta para manusear os modelos. Atualmente, os sistemas de modelagem molecular estão munidos de poderosas ferramentas para construção, visualização, análise e armazenamento de modelos de sistemas moleculares complexos, que auxiliam na interpretação das relações entre a estrutura e a atividade biológica. São realizados cálculos de energias de conformação, de propriedades termodinâmicas, de orbitais moleculares e estatísticos.

A modelagem molecular e suas representações gráficas permitem explorar aspectos tridimensionais de reconhecimento molecular e gerar hipóteses que levam ao planejamento e síntese de novos ligantes. Ela pode ser aplicada ao planejamento de fármacos baseado na estrutura (*structure based drug design*) de modo indireto ou direto. Indiretamente, quando não se dispõem da estrutura do receptor, na tentativa de se obter parâmetros eletrônicos e estéricos que elucidem as relações estrutura-atividade biológica. Aplicam-se, neste caso, os estudos de similaridade entre as moléculas. Diretamente, quando se conhece a estrutura tridimensional do alvo biológico, na tentativa de compreender as interações que ocorrem no complexo ligante-receptor. Ambos os modos tentam otimizar o encaixe da molécula com o receptor.

Um dos objetivos da modelagem molecular aplicada ao planejamento de fármacos é a descoberta do farmacóforo, que é definido como a coleção mínima de átomos espacialmente dispostos de maneira a levar a uma resposta biológica. Esta definição tem sido refinada para incluir restrições topográficas e tridimensionais.

Um sistema de planejamento de fármacos deve ser capaz de:

1. Calcular as propriedades de moléculas individuais – conformações estáveis com descrição completa da geometria e suas energias relativas, cargas, interações atômicas, potenciais eletrostáticos, orbitais, calores de formação, pKa's, coeficientes de partição, momentos dipolo.

2. Calcular as propriedades de moléculas associadas – descrever as interações entre moléculas (solvatação e interação fármaco-receptor) e calcular as energias associadas.

3. Exibir, sobrepor e comparar modelos moleculares geométricos e eletrônicos.

4. Encontrar e exibir relações quantitativas e qualitativas entre representações de moléculas e atividade biológica.

5. Acessar, manusear e gerenciar bancos de dados químicos e biológicos.

Os métodos de cálculo usados na modelagem molecular podem ser clássicos, como a mecânica molecular (MM), ou quânticos, como os métodos *ab initio* e semiempíricos.

Método da mecânica molecular

Os cálculos de MM, também chamados cálculos de campo de força, têm sido usados para investigar conformações moleculares. A MM trata as moléculas como uma coleção de átomos que pode ser descrita por forças newtonianas, ou seja, são tratadas como uma coleção de partículas mantidas unidas por forças harmônicas ou elásticas. Estas forças podem ser descritas em termos de funções de energia potencial de características estruturais, como comprimentos de ligação, ângulos de ligação, interações não ligantes e outras. A combinação destas funções de energia potencial é o campo de força. A energia potencial total, ou energia estérica (EE), da molécula é representada na forma mais simples pela Equação de Westhemeier:

$$E = E_s + E_b + E_w + E_{nb}$$

onde E_s é a energia de estiramento (ou compressão) de uma ligação, E_b é a energia de deformação angular, E_w é a energia de torção em torno de ligações, e E_{nb} é a energia de interação não ligante. A energia de interação não ligante é a soma das contribuições das energias de van der Waals (E_{vdw}) e eletrostática (E_{ele}).

$$E = \sum_l \frac{K_l(l-l_0)^2}{2}$$

K_l= constante de força
l = comprimento da ligação
l_0 = comprimento de ligação livre de tensão

$$E_b = \sum_\theta \frac{K_\theta(\theta-\theta_0)^2}{2}$$

K_θ = constante de força
θ = ângulo da ligação
θ_0 = ângulo de ligação livre de tensão

$$E_w = \sum_w \frac{V_w(1 \pm \cos nw)}{2}$$

V_w = constante de força
w = ângulo torsional
n = periodicidade de V_n

$$E_{vdw} = \sum_i \sum_j \frac{A_{ij}}{r_{ij}^{12}} - \frac{B_{ij}}{r_{ij}^{6}}$$

E_{vdw} = energia de van der Waals
i e *j* = átomos não ligados
A_{ij} = constante de força do termo repulsivo
B_{ij} = constante de força do termo atrativo
r = distância interatômica entre átomos não ligados *i* e *j*

$$E_{ele} = \sum_i \sum_j \frac{1}{4 \neq \varepsilon} \times \frac{Q_i \times Q_j}{r_{ij}}$$

E_{ele} = energia de interação eletrostática
i e *j* = átomos não ligados
Q_i e Q_j = cargas dos átomos *i* e *j*
ε = constante dielétrica do meio
r = distância interatômica entre *i* e *j*

Cada uma destas funções de energia representa a diferença de energia entre uma molécula real e uma molécula hipotética em que todos os parâmetros estruturais, como comprimentos de ligação e ângulos de ligação e de torção, estão exatamente em seus valores ideais ou naturais.

A geometria de uma molécula é especificada em termos de suas coordenadas atômicas. Assim, a partir de um conjunto de dados de entrada, uma geometria inicial é especificada e sua energia estérica é calculada. Para otimização da geometria da molécula, todos os parâmetros que definem a geometria do sistema são modificados em incrementos pequenos através do uso de métodos de abaixamento de gradiente (ou seja, a EE é minimizada). É importante lembrar que a minimização é um método interativo de otimização geométrica que depende da geometria de partida. A minimização, usualmente, leva ao mínimo local mais próximo e não ao mínimo global. Vários problemas em estudos de relação estrutura-atividade requerem soluções que podem não ser o mínimo global da molécula isolada e requerem o conhecimento de suas conformações mais estáveis pela aplicação de métodos de análise conformacional.

Algumas das vantagens da MM são: a rapidez e a economia de tempo de computação, a facilidade de compreensão em relação aos métodos de mecânica quântica. Quando um tratamento mais refinado é requerido, a geometria otimizada pela MM pode ser usada como ponto de partida para cálculos quanto-mecânicos de orbitais moleculares.

Algumas desvantagens dos métodos de MM são que algumas classes de moléculas de interesse não estão correntemente parametrizadas e a MM não é adequada para as determinações de propriedades, no qual efeito eletrônico (por exemplo interações de orbitais, quebra de ligações etc.) é predominante.

Métodos quanto-mecânicos

No final do século XVII, Isaac Newton descobriu as leis do movimento de objetos macroscópicos, as chamadas Leis da Mecânica Clássica. No começo do último século, os físicos acharam que a mecânica clássica não descrevia corretamente o comportamento de partículas muito pequenas como os elétrons e os núcleos dos átomos e moléculas. O comportamento de tais partículas passou a ser descrito por um conjunto de leis chamadas de Mecânica Quântica (MQ). A aplicação da mecânica quântica aos problemas da química é chamada de Química Quântica.

A MQ permite o cálculo da energia de átomos e moléculas e, portanto,forma a base de sistemas de modelagem química. Para descrever o estado de um sistema, em mecânica quântica, foi postulada a existência de uma função de coordenadas chamada função de onda ou função de estado Y, que é a solução da equação de Schrödinger:

$$H\Psi=E\Psi$$

Iniciando com uma geometria nuclear, com os cálculos de MQ a equação de Schrödinger é solucionada. São obtidas a energia da molécula e a função de onda associada, para este arranjo de elétrons e núcleos. A função de onda contém todas as informações sobre a molécula, porque a partir dela podem ser calculadas todas as propriedades eletrônicas da molécula. A energia da estrutura, calculada quanto-mecanicamente, pode ser usada na análise conformacional da mesma forma que a energia da MM é usada.

Os métodos *ab initio* são aqueles em que se resolve com maior aproximação a equação de Schrödinger. O método do campo autoconsistente (SCF) de Hartree-Fock é o método mais importante de resolução da equação de Schrödinger, particularmente em conjunto com a expansão dos orbitais espaciais, como no esquema SCF de Roothaan. Este representa o menor nível em que as interações eletrônicas podem ser descritas completamente. Cálculos mais precisos podem ser feitos usando tratamentos pós-Hartree-Fock, como os métodos de interação de configuração (CI) e métodos baseados na teoria da perturbação.

Devido às dificuldades encontradas na aplicação de métodos *ab initio* para moléculas médias e grandes, vários métodos semiempíricos foram desenvolvidos. Os métodos semiempíricos são rápidos e precisos o suficiente para permitir aplicações rotineiras em sistemas moleculares maiores. O objetivo fundamental dos métodos semiempíricos é o desenvolvimento de um tratamento quantitativo de propriedades moleculares com precisão, confiabilidade e custo computacional suficiente para ser de valor prático em química. Os métodos semiempíricos usam um Hamiltoniano mais simples que o Hamiltoniano molecular correto e parâmetros cujos valores são ajustados para reproduzir propriedades moleculares obtidas por dados experimentais ou calculadas por métodos *ab initio*. Em consequência, o esforço computacional é menor que nos métodos *ab initio*.

Isomeria conformacional

Isomerismo conformacional é definido como o arranjo espacial não idêntico de átomos numa molécula resultante da rotação em torno de uma ou mais ligações simples.

Foi observado que valores termodinâmicos determinados experimentalmente para o etano diferiam de valores calculados. A única explicação é uma barreira para a rotação em torno da ligação C-C. Esta barreira, de 2,8 kcal/mol, é devida à diminuição da distância entre os átomos de H de carbonos adjacentes quando a ligação C-C é rodada (Fig. 6.1). A conformação eclipsada é aquela em que os átomos de H estão mais próximos e, portanto, é a conformação menos estável. A conformação alternada é aquela em que os H estão mais distanciados e, portanto, é a conformação mais estável. Entre estas duas conformações existe um número infinito de conformações de estabilidade intermediária.

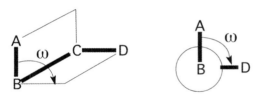

FIGURA 6.1 Conformações do etano.

As conformações das moléculas são especificadas por seus ângulos de torção, também chamados ângulos diedrais. Quatro átomos de uma molécula definem um ângulo de torção. Os ângulos de torção são definidos como sendo o ângulo entre os dois planos formados por esses quatro átomos (Fig. 6.2). O ângulo de torção pode ser visualizado também na projeção de Newman.

FIGURA 6.2 Definição de um ângulo de torção.

As conformações são classificadas segundo o valor do ângulo de torção. Quando o valor do ângulo de torção está entre -30° e 30° a conformação é denominada como sinperiplanar (SP), entre 30° e 90° como +sinclinal (+SC), entre -30° e -90° como -sinclinal (-SC), entre 90° e 150° como +anticlinal (+AC), entre -90° e -150° como -anticlinal (-AC) e entre 150 e -150 como (AP). As conformações do butano são apresentadas na Figura 6.3.

FIGURA 6.3 Conformações do butano.

Moléculas cíclicas contendo ligações simples também apresentam isomeria conformacional (Fig. 6.4). O anel ciclopropano é planar e, portanto, não apresenta isomeria conformacional. Os anéis ciclobutano e ciclopentano desviam um pouco da planaridade. As principais conformações do ciclopentano são em envelope e meia-cadeira. Já o cicloexano pode existir em duas conformações em que cada carbono tem ligações tetraédricas com ângulos de 109°28′, cadeira e barco e uma outra conformação, o barco torcido. A conformação em cadeira é de 6,9 kcal/mol mais estável que a em bote, porque na última os hidrogênios estão em posição eclipsada e dois deles estão apontados um para o outro, com interação de van der Waals repulsiva. A conformação em barco torcido minimiza estas interações e é apenas 5,3 kcal/mol menos estável que a conformação em cadeira. À temperatura ambiente o anel cicloexano prefere a conformação em cadeira em relação ao bote torcido em uma proporção de 1000:1.

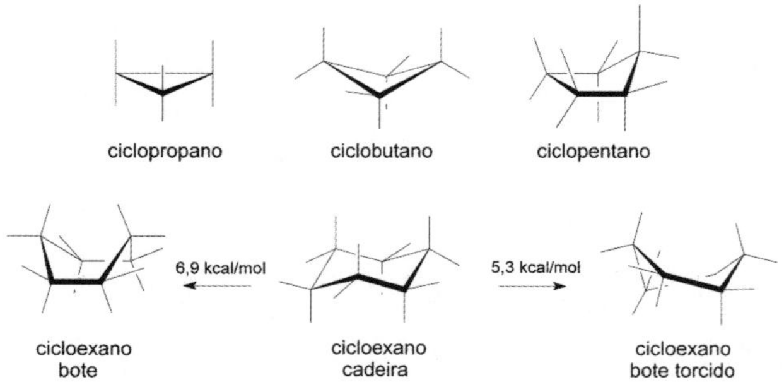

FIGURA 6.4 Estereoisômeros conformacionais de cicloalcanos.

O conhecimento que os sítios ativos de enzimas e certos sítios receptores são estereosseletivos e estéreo-específicos justifica o estudo das conformações das moléculas de fármacos que podem interagir com estes sítios. A interação da molécula do fármaco com o receptor leva a uma mudança conformacional que é ultimamente observada como a resposta farmacológica. Um sítio receptor pode ligar-se a apenas uma das várias conformações de uma molécula flexível. Esta conformação bioativa tem o arranjo espacial correto de todos os grupos ligantes da molécula do fármaco para o alinhamento com os sítios de ligação do receptor. Aquelas moléculas que podem adotar uma conformação que é capaz de se ligar ao receptor podem agir como agonistas ou como antagonistas. Os agonistas causam mudanças conformacionais no receptor que são responsáveis pela resposta biológica. Os antagonistas ligam-se ao receptor, mas não são capazes de promover a resposta biológica. A estereoisomeria conformacional também explica a diferenciação entre subtipos de receptor. A acetilcolina é uma molécula flexível com várias ligações passíveis de giro livre. Entretanto são ângulos de torção C2-O3-C4-C5 e O3-C4-C5-N6 que determinam as principais mudanças conformacionais na molécula. A acetilcolina interage com o receptor colinérgico muscarínico na conformação antiperiplanar (em relação a ângulo O3-C4-C5-N6) e com o receptor nicotínico na conformação sinclinal (Fig. 6.5).

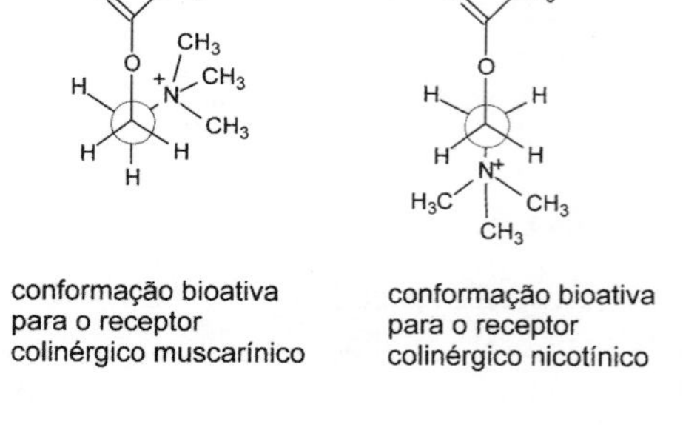

conformação bioativa
para o receptor
colinérgico muscarínico

conformação bioativa
para o receptor
colinérgico nicotínico

FIGURA 6.5 Isômeros conformacionais da acetilcolina.

Análise conformacional

A análise conformacional é a busca das conformações mais estáveis de uma molécula por meio da varredura completa da superfície de energia potencial (SEP). A SEP é o conjunto das energias potenciais para as várias configurações nucleares de uma molécula. Para que a análise conformacional seja feita com alguma segurança alguns procedimentos têm sido desenvolvidos.

Na análise conformacional por busca sistemática, o espaço conformacional da molécula é explorado por variações nos valores dos ângulos de torção das ligações passíveis de rotação. Os ângulos de torção são girados em intervalos especificados e a energia estérica é calculada para cada ponto da SEP. A busca sistemática é aplicável somente para moléculas com poucos graus de liberdade.

Moléculas muito flexíveis, com muitas ligações passíveis de giro livre, apresentam uma SEP complexa, que pode ter um número extraordinário de mínimos, difíceis de serem localizados. A análise conformacional ao acaso, ou método de Monte Carlo foi idealizada para este tipo de molécula. Uma estrutura inicial é escolhida e variações ao acaso em certas coordenadas e/ou em certos ângulos de torção são aplicadas, a estrutura é minimizada e o resultado é comparado com os mínimos achados durante os passos de busca conformacional anteriores. As conformações são selecionadas considerando critérios geométricos (comparação das estruturas para excluir as duplicatas) e critérios de energia. A estrutura obtida é armazenada como nova ou rejeitada como duplicata e o ciclo é repetido. No final do processo, as estruturas armazenadas devem representar as conformações de menor energia da molécula analisada.

Os cálculos de dinâmica molecular (DM) simulam o movimento baseado em cálculos de energia potencial usando o campo de força e as equações de Newton para o movimento, assumindo cada átomo como uma partícula. As equações do movimento de Newton são usadas para calcular a posição e a velocidade de todos os átomos a cada intervalo de tempo. A DM consiste em simular a colocação da molécula em um banho de temperatura e viscosidade definidas. É dado um intervalo de tempo em que ocorre a transferência de calor entre o banho e a molécula (da ordem de 1fs) e um intervalo de tempo em que a molécula equilibra a sua energia (da ordem de 300 fs). O processo é repetido o número de vezes especificado. A DM é capaz de ultrapassar pequenas barreiras e, portanto, é mais eficiente na localização de um mínimo local mais profundo que a minimização simples. Ela é muito utilizada para otimização de estruturas complexas como proteínas e complexos ligante-receptor.

Existem ainda métodos físicos para a determinação de conformações. Para determinação da conformação em solução, o método mais usado é a ressonância magnética nuclear (RMN). A informação detalhada sobre a estrutura da molécula em estado sólido é obtida por métodos de cristalografia de raios X. Outros métodos podem ser úteis, e fornecer alguns fragmentos de informação sobre a conformação das moléculas, que devem ser usados em conjunto com outras análises. Informações completas sobre a conformação de moléculas no estado gasoso podem ser obtidas pela difração eletrônica e pela espectroscopia por micro-ondas. Entretanto as conformações preferidas das moléculas no estado sólido e gasoso não são necessariamente as mesmas preferidas em solução.

Exercícios tutoriais

Busca de estruturas tridimensionais no Protein Data Bank e visualização da protease do HIV complexada com amprenavir

Este exercício permite conhecer e fazer buscas no Protein Data Bank (PDB), o maior banco de dados de estruturas tridimensionais de proteínas. A estrutura da protease do HIV (vírus da imunodeficiência adquirida) complexada com o amprenavir será explorada utilizando um programa de visualização, o Accelrys DS Visualizer (disponível no sítio *http://www.accelrys.com*). A compreensão das interações entre um ligante e a macromolécula alvo é a base do processo de planejamento racional de fármacos baseado na estrutura.

A inibição da protease do HIV (PR) tem sido uma das estratégias para o desenvolvimento de fármacos para o tratamento da AIDS (síndrome da imunodeficiência adquirida). A PR é uma protease aspártica, de forma elipsóide e apresenta-se como um dímero simétrico. Ela é responsável pela clivagem das poliproteínas precursoras do HIV em proteínas funcionais, como as proteínas da matriz e do capsídio, a nucleoproteína, a protease, a transcriptase reversa e a integrase, sendo muito importante nos estágios finais de maturação viral. O bloqueio deste processo detém a produção de virions infecciosos.

A expressão da PR em bactérias produziu quantidades suficientes da enzima que permitiram a determinação de sua estrutura por cristalografia de raios X (Fig. 6.1). Além disso, foram determinadas as estruturas da enzima cocristalizada com inibidores.

FIGURA 6.6 Estrutura tridimensional da protease do HIV.

A PR catalisa a hidrólise de ligações peptídicas entre aminoácidos específicos (Fig. 6.7). O substrato protéico encaixado na enzima sofre o ataque nucleofílico de uma molécula de água, presente no sítio ativo, sobre o carbono carbonílico da ligação peptídica e é convertido em um intermediário tetraédrico, que é clivado resultando em duas novas proteínas. Os resíduos de aspartato (ASP25 e ASP25'), presentes no sítio ativo da PR, participam do processo de hidrólise como doadores e aceptores de prótons.

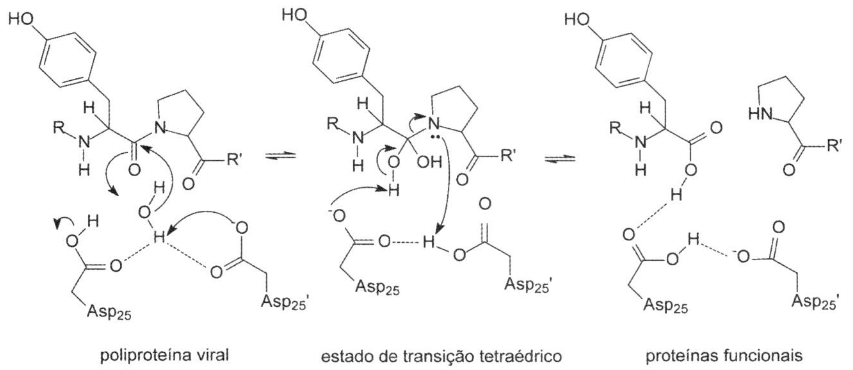

FIGURA 6.7 Mecanismo de hidrólise das poliproteínas do HIV catalisada pela PR.

Os inibidores da PR foram planejados racionalmente para conter um carbono tetraédrico, como por exemplo, um isótero hidroxietileno, no lugar da carbonila da ligação peptídica do substrato protéico natural, de modo a imitar a geometria do estado de transição do processo de hidrólise (Fig. 6.8). Compostos contendo tal modificação estrutural formam um complexo mais estável com a enzima do que o estado de transição do substrato normal. Além disto, o grupo isótero hidroxietileno não é clivável, sendo, portanto, resistente à hidrólise. Estes compostos são inibidores competitivos da PR. Uma outra característica essencial é a presença de grupos volumosos que ocupam os bolsos da protease e melhoram a afinidade porque fazem diversas interações de Van der Waals.

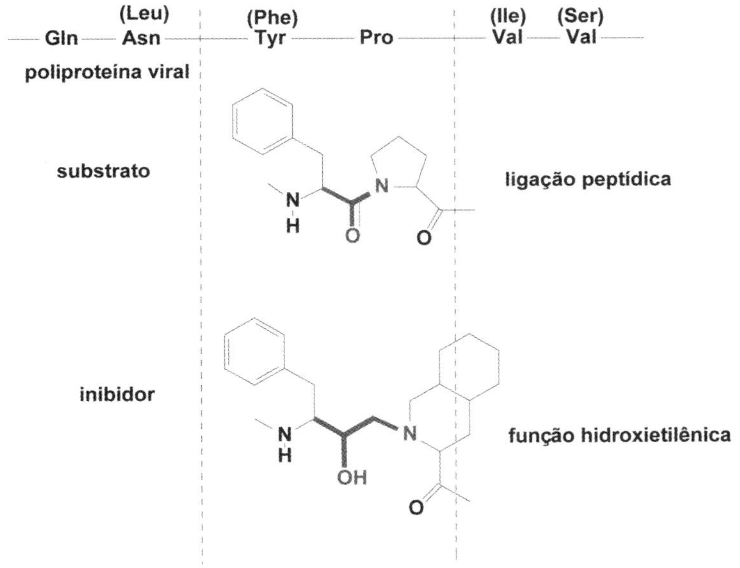

FIGURA 6.8 Planejamento racional dos inibidores da PR por substituição bioisostérica da carbonila da ligação peptídica por um grupo hidroxietileno.

O desenvolvimento do Saquinavir, o primeiro inibidor de PR aprovado, baseou-se na utilização do grupo hidroxietileno e na especificidade da PR em clivar as ligações Phe-Pro e Tyr-Pro (Fig. 6.9). Um aumento significativo da potência farmacológica foi alcançado pela substituição do anel pirrolidínico da prolina por um anel decaidroisoquinolínico, que aumenta a afinidade pelo receptor. Tem baixa biodisponibilidade oral. A absorção é dependente da formulação.

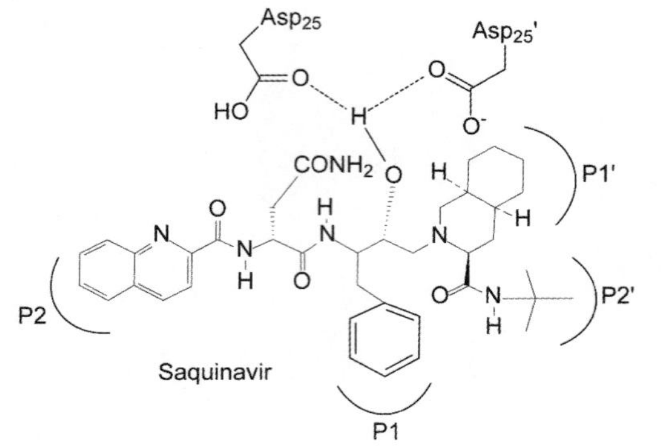

FIGURA 6.9 Saquinavir complexado com a PR.

Os primeiros inibidores de protease do HIV, lançados no mercado terapêutico, como o saquinavir, ritonavir e indinavir, apresentavam baixa biodisponibilidade por via oral devido ao caráter peptídico deles. O amprenavir foi desenvolvido por planejamento racional baseado na estrutura tridimensional da protease do HIV. Para se melhorar a interação com a protease a estratégia foi otimizar a interação com os aspartatos catalíticos, introduzir grupos que tivessem interação com uma molécula de água, que faz interações com os resíduos Ile50 e Ile50' (localizados nas alças), e manter os grupos volumosos que fazem interações de van der Waals com os resíduos localizados nos bolsos da protease. Além disto, o amprenavir não apresenta caráter peptídico.

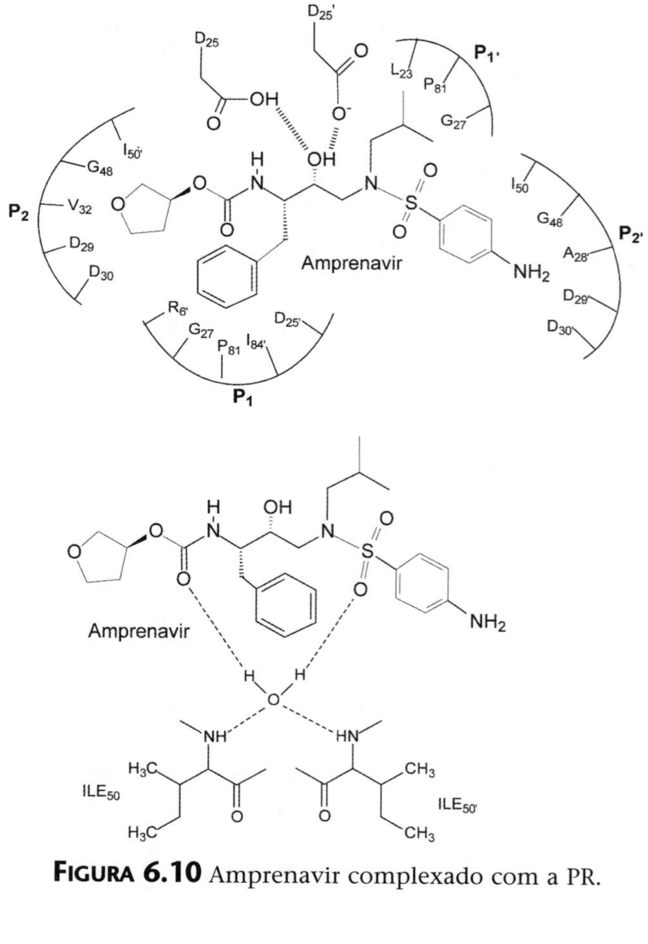

FIGURA 6.10 Amprenavir complexado com a PR.

Exercício tutorial 1 – busca no PDB da protease complexada com o amprenavir

1. Acesse o *site www.rcsb.org/pdb*.
2. Na página principal do Protein Data Bank, observar o número de estruturas depositadas até o momento.
3. Na linha de busca ("search") digitar: amprenavir. Selecionar "site search".
4. Abre-se uma janela com a lista de arquivos que combinam com esta palavra-chave (amprenavir).
5. Observar os dados referentes à estrutura que tem código identificador 3EKV ("Crystal structure of the wild type HIV-1 protease with the inhibitor, Amprenavir" – protease do HIV complexada com o fármaco inibidor, amprenavir). Todas as estruturas depositadas no PDB são identificadas por um código identificador alfa-numérico.
6. Selecionar 3EKV. Abre-se uma janela com os dados de 3EKV (Fig 6.11). Observar, novamente,os dados referentes à estrutura: "Primary Citation", "Molecular Description", "Source", "Ligand Chemical Component" (a aproximação do mouse ao identificador do ligante-478 faz aparecer a estrutura do amprenavir) e "Experimental Details".

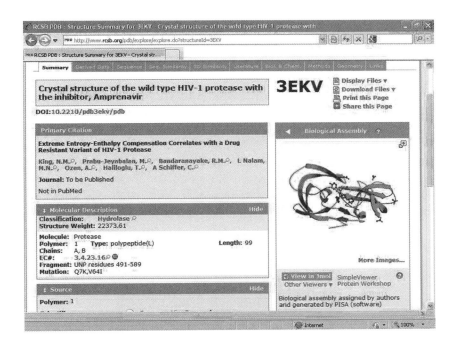

FIGURA 6.11 Página no PDB da estrutura cristalina da PR complexada com o amprenavir (código PDB 3EKV).

7. Na lateral direita selecionar a opção "Download files" e depois "PDB text". Abre-se uma janela de salvar ou abrir arquivo. Salvar o arquivo.

Exercício tutorial 2 – visualização da protease complexada com o amprenavir

1. Abrir o programa Accelrys DS Visualizer. No menu "File" selecionar a opção "Open". Abrir o arquivo 3EKV.pdb.

2. Selecionar a ferramenta de rotação. Para rodar a molécula, arrastar o mouse com o botão esquerdo pressionado.

3. Abrir uma janela hierárquica (marcar no menu "View" a opção "Hierarchy"). Observar, na janela hierárquica, a lista de aminoácidos das cadeias A e B, os ligantes (o amprenavir é o ligante 478200 e ACT501, ACT502, ACT503 e ACT504 são acetatos que cristalizaram com a proteína) e as moléculas de água de cristalização (HOH).

4. Desmarcar, na janela hierárquica, todos os acetatos (ACT501, ACT502, ACT503 e ACT504) e todas as molécular de água, exceto HOH108. Este procedimento serve para esconder as partes do complexo que não se deseja visualizar. Para desmarcar selecione o símbolo √ dentro do quadrado.

5. Na janela hierárquica, selecionar as cadeias A e B (selecione A com o mouse e, com a tecla "shift" apertada, selecione também B com o mouse).

6. No menu "View" selecionar a opção "Display Style".

7. Na janela "Display Style" selecionar na pasta "Atom" a opção "None" e na pasta "Protein", as opções "solid ribbon" e "color by- aminoacid chain". OK.

8. Selecionar com o botão esquerdo do mouse um ponto vazio na tela para desfazer a marcação das cadeias A e B.

9. Na janela hierárquica, selecionar 478200. No menu "View", selecionar a opção "Display Style". Na janela "Display Style" selecionar " Scaled ball and stick" e " Color- by element".

10. Arrastar o mouse com o botão do lado esquerdo pressionado para visualizar a estrutura em 3D (Fig. 6.12). Observar bolsos, as alças que fecham o sítio ativo, as terminações N e C interdigitadas e o ligante ocupando a cavidade do sítio ativo.

11. Na janela hierárquica, selecionar ASP25 da cadeia A e, com o botão "CTRL" apertado selecionar, ASP25 da cadeia B (aspartatos catalíticos). Na janela "Display Style" selecionar na pasta "Atom" as opções "Stick" e "Color-custom".

12. Selecionar no menu "Structure" a opção "Monitor- H Bond". Observar as ligações de hidrogênio entre os aspartatos catalíticos e a hidroxila do amprenavir.

13. Na janela hierárquica, selecionar ILE50 da cadeia A e com o botão CTRL pressionado selecionar ILE50 da cadeia B. Selecionar "Display Style" e, na janela aberta, selecionar na pasta "Atom" as opções "Stick" e "Color-custom". Observar as ligações de hidrogênio entre os oxigênios do amprenavir e a água de cristalização e entre a água e os nitrogênios da cadeia principal dos resíduos ILE50 e ILE50' (Fig.6.12).

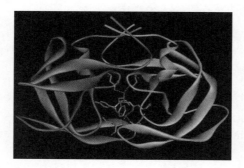

Figura 6.12 Estrutura, em fita, da PR complexada com o amprenavir (código PDB 3EKV).

14. Na janela hierárquica selecionar a cadeia A. Selecionar a opção "Display Style" e, na pasta "Atom", selecionar as opções "CPK" e "Color- Custom".

Mudar também o modo de vizualização do amprenavir para "CPK" e colocar uma outra cor diferente. Verificar a complementaridade entre a PR e o amprenavir. Faça o mesmo para cadeia B. Entre cada mudança de modo de visualização procure observar, novamente, os bolsos, as alças que fecham o sítio ativo, as terminações N e C interdigitadas e o amprenavir ocupando as cavidades do sítio ativo.

FIGURA 6.13 Estrutura, em espaço preenchido, da PR complexada com o amprenavir (código PDB 3EKV).

Desenho da acetilcolina e muscarina e superposição molecular

Este exercício permite a visualização tridimensional da estrutura da acetilcolina e da muscarina em diferentes formatos (ligações cilíndricas, em varetas, varetas e bolas, espaço preenchido e superfície de pontos) e fazer medidas de comprimentos das ligações, ângulos de ligação e de torção. A superposição das moléculas da acetilcolina e muscarina permite verificar a semelhança estérica entre ambas. A comparação de moléculas que atuam no mesmo receptor é a base do QSAR (relação quantitativa estrutura- atividade) e da construção do modelo farmacofórico. Neste exercício utiliza-se o programa PCMODEL 9.2 da Serena Software (*http:/www.serenasoft.com*).

Exercício tutorial 3 – desenho da acetilcolina

Acetilcolina

1. Abrir o programa PCMODEL 9.2.
2. Na barra "Tools" (ferramentas), selecionar o botão "Draw" (desenhar) – uma linha tracejada indicará que se está no modo de desenho "Draw".
3. Mover o cursor para a janela de desenho e pressionar o botão esquerdo do mouse uma vez. Um ponto aparecerá na tela indicando um átomo de carbono (o carbono é o tipo de átomo padrão para desenho no PCMODEL).

4. Afastar o cursor para direita e pressionar o botão esquerdo do mouse novamente. Aparece uma linha que significa uma ligação entre dois carbonos já desenhados.

5. Repetir a operação até obter uma cadeia com sete átomos de carbono.

6. Voltar à barra "Tools" e selecionar "Draw" para continuar o desenho de um ponto diferente do último átomo desenhado. Selecionar o átomo 2 da cadeia e um ponto acima na tela para desenhar o átomo 8. Repetir a operação para adicionar os átomos 9 e 10 ligados ao átomo 6.

7. Para transformar C em outros tipos de átomo: selecionar no menu Tools a opção "PT" (Tabela Periódica). Aparece a caixa de diálogo "Periodic Table". Selecionar o O (oxigênio) e, em seguida, os átomos 3 e 8. Os átomos 3 e 8 ficam coloridos de vermelho, que é a cor para o oxigênio no PCMODEL. Selecionar o N^+ (nitrogênio positivo) e, em seguida, o átomo 6. O átomo 6 fica colorido de azul escuro.

8. Para introduzir a ligação dupla: selecionar a ferramenta "Add_B" (adiciona ligação) e, em seguida, o centro da ligação correspondente (entre os átomos 2 e 8). Selecionar Update. Um procedimento alternativo é desenhar uma ligação em cima da ligação C2-O8 utilizando a ferramenta "Draw".

9. Para adicionar hidrogênios e pares de elétrons livres: selecionar a ferramenta "H/AD" (adiciona e apaga hidrogênios).

10. Para otimizar a estrutura (minimizar a energia estérica): no menu "Compute" (calcular) selecionar "Minimize" (minimizar a energia). A geometria da estrutura é otimizda e na janela ao lado (Output) são fornecidos os seguintes dados da molécula: a energia estérica (em Kcal/mol), o calor de formação (em Kcal/mol), o momento de dipolo e o xLogP.

11. Para girar a molécula: pressionar o botão direito do mouse e mover o cursor.

12. Verificar se a estrutura otimizada apresenta uma conformação adequada. Caso a molécula apresente uma conformação pouco provável como, por exemplo, o nitrogênio não estar tetraédrico, mover os átomos para posições mais adequadas usando a ferramenta "Move" (mover).

13. Para mover átomos: retirar os hidrogênios com a ferramenta "HA/D", selecionar a ferramenta "Move" e, em seguida, selecionar o átomo a ser movido e a nova posição. Adicionar os hidrogênios e minimizar novamente.

14. Para mudar os modos visualização: no menu "View" selecionar as opções "Stick" (modelo em varetas), "Ball and stick" (modelo em varetas e bolas), "Pluto" (modelo em varetas e bolas), "Tubular bonds" (modelo cilíndrico), "CPK" (modelo em espaço preenchido) e "Dot surface" (modelo em superfície de pontos).

15. Para salvar: selecionar no menu "File" a opção "Save". Aparece na tela a caixa de diálogo "Salvar como". Nesta caixa selecionar o diretório onde o arquivo vai ser salvo, escrever o nome do arquivo e selecionar o tipo de arquivo (pcm). Selecione "Salvar". O PCMODEL é capaz de salvar arquivos em diferentes formatos como pcm, do próprio PCMODEL, MMX, MM3, Mopac, Alchemy, Sybyl, Macromodel, CHEM-3D, PDB, Jaguar, Gaussian, Games etc.

Muscarina

Exercício tutorial 4 – desenho da muscarina

1. Para abrir a livraria de anéis: Na barra "Tools" selecionar "Rings".

2. Na janela da livraria de anéis selecionar C5 (ciclopentano). Um ciclopentano na conformação em envelope é desenhado na tela. As estruturas do banco de dados das livrais de desenho ("Rings", "Amino Acids", "Sugars", "Nucleotides" e "Organometallics") já se encontram otimizadas e na conformação mais estável para aquela molécula.

3. No menu "View" selecionar "Tubular bonds" para visualizar melhor a estrutura tridimensional.

4. Para colocar a molécula em posições diferentes: arrastar o mouse com o botão do lado direito apertado. Colocar a muscarina em posição semelhante à da estrutura desenhada acima.

5. Para mudar o átomo 1 para oxigênio: na barra "Tools", selecionar "Delete" (apagar) e, em seguida, selecionar os dois átomos de hidrogênio ligados ao carbono da frente (C1). Os átomos são apagados. Na barra "Tools" selecionar "PT" (Tabela Periódica). Na janela "Tabela Periódica", selecionar O (oxigênio) e selecionar o carbono 1 da estrutura (C1). O átomo 1 se colore de vermelho.

6. Para transformar H em metila: na barra "Tools" selecionar "Build" e, em seguida, selecionar o 5b-hidrogênio (ele se transforma em 5b-metila). Selecionar o 2b-hidrogênio, que se transforma em 2b-metila. Selecionar um dos hidrogênios do C6 (2b-metila).

7. Na barra "Tools", selecionar "PT". Na janela da tabela periódica selecionar N$^+$ (nitrogênio quaternário) e selecionar o carbono C8 (ele se transforma em N8). Selecionar o 4a-hidrogênio (ele se transforma em 4a-O).

8. Na barra "Tools", selecionar "Build" e, em seguida, selecionar cada um dos três hidrogênios do N8 (eles se transformam em metilas).

9. Para otimizar a geometria: no menu "Compute", selecionar "Minimize".

10. Para salvar o arquivo: no menu "File", selecionar "Save". Na caixa de diálogo, dar um nome ao arquivo (sem extensão, a extensão é colocada pelo próprio programa de acordo com o tipo de arquivo que vai ser salvo, por exemplo, para arquivos do tipo PCMODEL, o programa coloca a extensão pcm). Selecionar Salvar.

Exercício tutorial 5 – superposição da acetilcolina e muscarina

1. Para abrir duas moléculas na mesma tela: com a muscarina já na tela, selecionar "Compare" no menu "Analyse". Na janela "Compare", selecionar "Selected" (para comparar átomos selecionados) e "Next Structure" (para abrir o arquivo da acetilcolina). Na janela de "Abrir", selecionar o nome do arquivo da acetilcolina. As duas estruturas são colocadas na tela lado a lado.

2. Para selecionar os átomos que vão ser superpostos: na barra "Tools", selecionar "Sel_Atom" e selecionar, na ordem, os átomos O1, C2, C6 e N8 da muscarina e O3, C4, C5 e N6 da acetilcolina (Fig. 6.14).

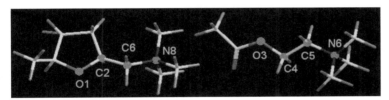

FIGURA 6.14 Estruturas da muscarina e da acetilcolina.

3. Para comparar as moléculas: na janela "Compare", selecionar "Calculate". Verificar a semelhança estérica entre as duas moléculas. Na janela lateral são fornecidos os dados do cálculo de similaridade (RMS- Root Mean Square). Quanto menor for o valor de RMS maior é a similaridade entre as posições dos átomos comparados.

Isômeros conformacionais da acetilcolina

A estereoisomeria conformacional é muito importante para o reconhecimento da molécula pelo seu biorreceptor e também explica a diferenciação entre subtipos de receptor. Em relação ao ângulo de torção O3-C4-C5-N6, a acetilcolina interage com o receptor colinérgico muscarínico na conformação antiperiplanar e com o receptor nicotínico na conformação sinclinal.

A acetilcolina (Ach) é uma molécula flexível com várias ligações passíveis de giro livre. Entretanto, são os ângulos C2-O3-C4-C5 e O3-C4-C5-N6 que determinam as principais mudanças conformacionais na molécula. O ângulo O3-C4-C5-N6 vai ser rodado usando a opção *rotate bond* do programa PCMODEL. Os confôrmeros serão analisados (distâncias, ângulos de torção e energias estéricas serão medidos). Os dados encontrados para as conformações da acetilcolina serão utilizados para propor um farmacóforo para os fármacos colinérgicos muscarínicos.

Exercício tutorial 6 – análise dos isômeros conformacionais da acetilcolina

1. Desenhar a estrutura da acetilcolina e otimizar a geometria (consulte o exercício tutorial de desenho da acetilcolina).

2. Para colocar a molécula totalmente distendida: selecionar a ferramenta "Selatm" (selecionar átomos) e, em seguida, os átomos de C1-C2-O3-C4 (um ponto cinza indicará os átomos selecionados). Selecionar a ferramenta "Rot-B" (rodar uma ligação). Na caixa de diálogo, "Rotate Bond" usar a barra de rolagem para selecionar um ângulo próximo a 180°. Repita a operação para rodar C2-O3-C4-C5 e O3-C4-C5-N6.

3. Otimizar a geometria.

4. Durante a execução das tarefas seguintes, preencher a Tabela 1.

5. Com a ferramenta "Sel-atm", selecionar os átomos de O3-C4-C5-N6. Um ponto cinza indicará os átomos selecionados. Selecionar a ferramenta "Rot-B". Na caixa de diálogo "Rotate Bond", usar a barra de rolagem para marcar 180°.

6. Calcular a energia estérica usando a opção "Single Point E" do menu COMPUTE. Na janela ao lado (OUTPUT) é fornecida a energia estérica da molécula na conformação atual (MMX Energy em Kcal/mol).

7. Para medir o ângulo O3-C4-C5-N6: Selecionar a ferramenta "Query" e, em seguida, os átomos O3, C4, C5 e N6 e um ponto vazio na tela. A medida do ângulo (em graus) aparece na tela.

8. Para medir a distância entre O3 e N6: Selecionar a ferramenta "Query" e, em seguida, os átomos O3 e N6 e um ponto vazio na tela. A medida da distância (em Å) aparece na tela. Repetir a operação para obter as medidas das distâncias C1-N6 e N6-C8.

9. Repetir as quatro últimas operações com o ângulo O3-C4-C5-N6 com valores de 120, 60 e 0°.

Tabela 6.1 Dados dos isômeros conformacionais da acetilcolina

Nome da Conformação*	Ângulo O3-C4-C5-N6	Distância O3-N6 (Å)	Distância C1-N6(Å)	Distância N6-O8(Å)	MMX energy kcal/mol
	180				
	120				
	60				
	0				

*Nome da conformação: sinperiplanar (SP), sinclinal (SC), anticlinal (AC) e antiperiplanar (AP).

10. Desenhar, no papel, as projeções de Newman para os confôrmeros da ACh em relação ao ângulo O3-C4-C5-N6. Para visualizar, use o botão direito do mouse para movimentar a molécula até a posição de cavalete e em seguida para a projeção de Newman (Fig. 6.15).

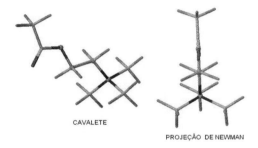

CAVALETE

PROJEÇÃO DE NEWMAN

Figura 6.15 Estrutura tridimensional da acetilcolina em posição de cavalete e projeção de Newman.

11. Utilize e complete o modelo da Figura 6.16 para propor um farmacóforo (requerimentos estéricos e eletrônicos) para uma molécula apresentar atividade colinérgica muscarínica (consulte os dados necessários na Tabela 6.1).

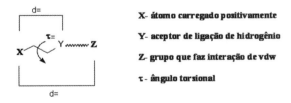

X- átomo carregado positivamente

Y- aceptor de ligação de hidrogênio

Z- grupo que faz interação de vdw

τ - ângulo torsional

Figura 6.16 Proposta de farmacóforo para fármacos colinérgicos muscarínicos.

Referências bibliográficas

BARREIRO, E. J. "A Química Medicinal e o paradigma do composto? Protótipo" IN: *Rev. Virtual Quimica.* v.1, n.1. 2009. p.26-34.

BLUNDELL, T. L.; JOTHI, H.; ABELL, C. "High-Throughput Crystallography for Lead Discovery in Drug Design - Knowledge of the three-dimensional structures of protein targets", IN: *Nature Reviews Drug Discovery.* v.1. 2002. p.47-51.

BOYD, D. B.; LIPKOWISTZ, K. B. "Molecular mechanics: The method and its underlying philosophy". IN: *J. Chem. Educ.,* v.59. 1982. p.269-74.

CARVALHO, I.; PUPO, M. T.; BORGES, A. D. L.; BERNARDES, L. S. C. "Introdução a Modelagem Molecular de Fármacos no Curso Experimental de Química Farmacêutica". IN: *Quim. Nova.* v.26, n.3. 2003. p.428-38.

COX, P. J. "Molecular Mechanics Illustrations of its application". IN: *J. Chem. Educ.* v.59. 1982. p.275-7.

FOYE, W. O. LEMKE, T. L.; WILLIAMS, D. A. *Foye's principles of medicinal chemistry.,* 6.ed. Philadelphia, Lippincott Willians & Wilkins, 2007.

HÖLTJE, H. D.; SIPPL, W.; ROGNAN, D. *Molecular Modeling-Basic Principles and Applications.* 2.ed. Weinheim, Wily VHC, 2003.

KIM, E. E.; BAKER, C. T.; MURCKO, M. A.; RAO, B. G.; TUNG, R. D.; NAVIA, M. A. "Crystal Structure of HIV-1 Protease in Complex with VX-478, a Potent and Orally Bioavailable Inhibitor of the Enzyme". IN: *J. Am. Chem. Soc.* v.117. 1995. p.1181-2.

LEVINE, I. R. *Quantum Chemistry.* 6.ed. Englewood, Prentice Hall, 2008.

LIQUORI, A. M.; DAMIANI, A.; ELEFANTE, G. "Calculated Minimum Energy Conformations of Muscarine", *J. Molec. Biol.* v.33. 1968. p.445-50.

OLIVEIRA, M. T. ; SANTOS, M. A.; SILVA, T. H. A. "Computer-Based Conformational Analysis of Acetylcholine and Muscarine Combined with an Overview of the Receptor-Ligand Interaction Thereof". IN: *J. Chem. Educ.* v.83, n.5. 2006. p.780-1.

PARTINGTON, P.; FEENEY, J.; BURGEN, A. S. V. "The Conformation of Acetylcholine and Related Compounds IN: "Aqueous Solution as Studied by Nuclear Magnectic Resonance Spectroscopy". *Molecular Pharmacology.* v.8. 1972. p.269-77.

PATRICK, G. L. *An Introduction of Medicinal Chemistry.* 3.ed. New Delhi, Oxford University, 2006.

PULLMAN, B. ; COURRIÈRE, P.; COUBELS, J. L. "Quantum Mechanical Study of the Conformational and Electronic Properties of Acetylcholine and its Agonists Muscarine and Nicotine".IN: *Mol. Pharmacol.* v.7. 1971. p.397-405.

SANT'ANNA, C. M. R. "Métodos de modelagem molecular para estudo e planejamento de compostos bioativos: Uma introdução". IN: *Rev. Virtual Quim.* v.1, n.1. 2009. p.49-57.

SCHULMAN, J. M.; SABIO, M. L.; DISCHT, R. L. "Recognition of Cholinergic Agonists by the Muscarinic Receptor. 1. Acetylcholine and Other Agonists with the NCCOCC Backbone". IN: *J. Med. Chem.* v.26. 1983. p.817-23.

CAPÍTULO 7

Biotransformação de substâncias bioativas

REGINA MARIA GERIS DOS SANTOS E EDSON RODRIGUES FILHO

Introdução

Muito pouco tem se falado no Brasil sobre a estereoquímica dos fármacos e sua importância na terapêutica. De acordo com a sua disposição espacial, como a existência de dois enantiômeros, um fármaco pode antagonizar a ação do seu estereoisômero, ou um dos enantiômeros pode apresentar um efeito terapêutico e o outro ser responsável por um efeito secundário ou, ainda, os dois enantiômeros podem apresentar a mesma atividade, e apenas um deles manifesta um efeito indesejável. Dentre as várias outras consequências não menos importantes do estereoisomerismo,[1] podemos citar o caso das dopaminas, mostrado a seguir, no qual apenas um dos enantiômeros é ativo contra o mal de Parkinson.[2]

D-Dopa
(biologicamente inativo)

L-Dopa
(anti-parkinsoniano)

Recentemente, a comunidade científica voltou sua atenção para a obtenção de substâncias enantiomericamente puras,[3] uma vez que a existência de enzimas e receptores no organismo conduz a características biológicas diferentes nas estruturas quirais. O resultado dessa ação estereosseletiva dos receptores protéicos é devido a uma ocupação preferencial de um sítio receptor por um dos enantiômeros.[3]

---

[1] Lima, V. L. E. *Química nova*, 1997, v. 20, n. 6, p.657-63.
[2] Barreiro, E. J. *et. al. Química nova*, 1997, v. 20, n. 6, p.647-56.
[3] Lima, V. L. E. *op. cit.*, p.657-63. Barreiro, E. J. *et. al. op. cit.*, p.647-56.

Dessa forma, a utilização de enzimas e microrganismos na síntese orgânica tem sido reportada em livros e artigos publicados nos últimos anos. A síntese de produtos naturais que possuem estereocentros seria uma tarefa de grande dificuldade se fossem adotados métodos exclusivamente químicos, devido à produção de isômeros. Nesses casos, os processos de biotransformação são de grande valia.[4] Consequentemente, os amplos arsenais de métodos sintéticos clássicos estão sendo enriquecidos com os métodos bioquímicos, os quais podem ser obtidos pela introdução de enzimas isoladas ou do próprio microrganismo.[5]

A manipulação de enzimas isoladas é comparada ao método da catálise clássica e uma de suas principais vantagens na síntese orgânica se dá quando os biocatalistas conservam suas atividades nos solventes orgânicos. As enzimas mais utilizadas são as lípases, que não requerem cofatores para apresentar atividade. A regiosseletividade dessas enzimas pode ser aplicada nos compostos polifuncionalizados, porque elas transformam apenas um dos grupos funcionais, não havendo a necessidade de proteger os outros grupos presentes na molécula.[6]

Os microrganismos podem sintetizar moléculas opticamente ativas e extremamente complexas, tais como penicilinas e esteroides, muito facilmente e com custos reduzidos.[7] Nessas transformações microbiológicas, os microrganismos são utilizados como uma "bolsa" contendo enzimas para as transformações dos substratos, sejam eles naturais, semissintéticos ou sintéticos.[8]

Os microrganismos e/ou suas enzimas podem estar envolvidos nos processos de reações hidrolíticas, redução, oxidação, aldol, adição e eliminação, transferências, halogenação e desalogenação, como também na síntese de peptídeos, amidas, perácidos ésteres, lactonas, entre outras.[9] Nas reações de transferência de oxigênio (reações de oxidação), as mais comumente realizadas são as reações de hidroxilação de alcanos e compostos aromáticos, epoxidação de alcenos, sulfoxidação, Bayer-Villiger e formação de peróxidos.[10] Todas essas reações podem ocorrer nos mais variados substratos. Alguns exemplos podem ser vistos na Tabela 7.1 e Figura 7.1.

Tabela 7.1 Exemplos de reações de biotransformação

Substrato	Microrganismo	Produto	Referências
Progesterona (1)	*Aspergillus niger, Rhizopus arrhizus*	11-α-hidroxi-progesterona (1a)	Peterson, D.H. *et al.*, 1952
Ácido litiocólico	*Fusarium equiseti*	Ácido 7-β-hidroxi-ursodeoxicólico	Faber, K., 1995
Ácido isobutírico	Candida rugosa	Ácido *S*-hidroxi-isobutírico (99%ee)	Faber, k., 1995

(continua)

[4] Faber, K. *Biotransformation in organic chemistry: a text book.* Berlim:Springer-Verlag, 1995.
[5] Peterson, D. H. *et. al. Journal of American Chemical Society*, 1952, v.74, p.5933.
[6] Granados, A. G. *et. al. Tetrahedron*, 1999, v.55, p.8567-8.
[7] Faber, K. *op. cit.*
[8] Granados, A. G. *et. al. op. cit.*
[9] Faber, K. *op. cit.*
[10] Faber, K. *op. cit.*

Tabela 7.1 Exemplos de reações de biotransformação (continuação)

Substrato	Microrganismo	Produto	Referências
Ácido ferúlico	Bactérias anaeróbias	Catecol	Phelps, C. D. *et al.*, 1997
Ácido vanílico	*Brettanomyces anomalus*	Álcool vanílico	Edlin, D. A. N. *et al.*, 1995
Guaioxide	*Mucor plumbeus*	7-hidroxi-guaioxide	Arantes, S. F. *et al.*, 1999
Isosteviol (7)	*Penicillium chrysogenum*	Ácido 17-hidroxi-...(7a)	Oliveira, B. H. *et al.*, 1999
Olefina (8)	*Pseudomonas oleovaraus*	(S)-(-)-atenolol (8a)	Barreiro, E. J. *et al.*, 1997
2-Benzoxazolinona	*Fusarium moniliforme*	Ácido N-(2-hidroxifenil) malônico	Yue, Q. *et al.*, 1998
6-metoxi-benzoxazolina	*Fusarium moniliforme*	Ácido N-(2-hidroxi-4-metoxifenil) malônico	Yue, Q. *et al.*, 1998
Lesopitron	*Rhodococcus erythropolis*	Hidroxi-lesopitron	Gotor, V. *et al.*, 1997
Partenolídeo	*Rhizopus nigricans* *Streptomyces fulvissimus* *Rhodotorula rubra*	partenolideo	Gabal, A. M. *et al.*, 1999
Metil ent-17-hidroxi-16-beta-kauran-19-oato	*Rhizopus stolonifer*	Metil ent-9-alfa-17 dihidroxi-16-beta-kauran-19-oato Metil ent-7-alfa-17-dihidroxi-16-beta-kauran-19-oato	Vieira, H. S. *et al*, 2000
Geraniol	*Saccharomyces cerevisiae* *Kluyveromyces lactis*	Citronelol	King, A. *et al.*, 2000
4-etilciclohexanona	*Colletotrichum lagenarium*	Trans-4-etil-ciclohexanona Cis-4-etil-ciclohexanona	Miyazawa, M. *et al.*, 2000
N-acetil-fenotiazina	*Aspergillus niger* *Penicillium simplicissimum*	Sulfóxido de N-acetil-fenotiazina Sulfóxido de fenotiazina	Parshikov, I. A. *et al.*, 1999
Protriptilina	*Fusarium oxysporum*	2-hidroxi-protriptilina	Dechart, B. T. *et al.*, 1999
Testosterona	*Penicillim chrysogenum* *Penicillium crustosum*	5-alfa-dihidroxi-testosterona	Cabeza, M. S. *et al.*, 1999

Os números entre parênteses referem-se aos substratos ou produtos representados na Figura 7.1.

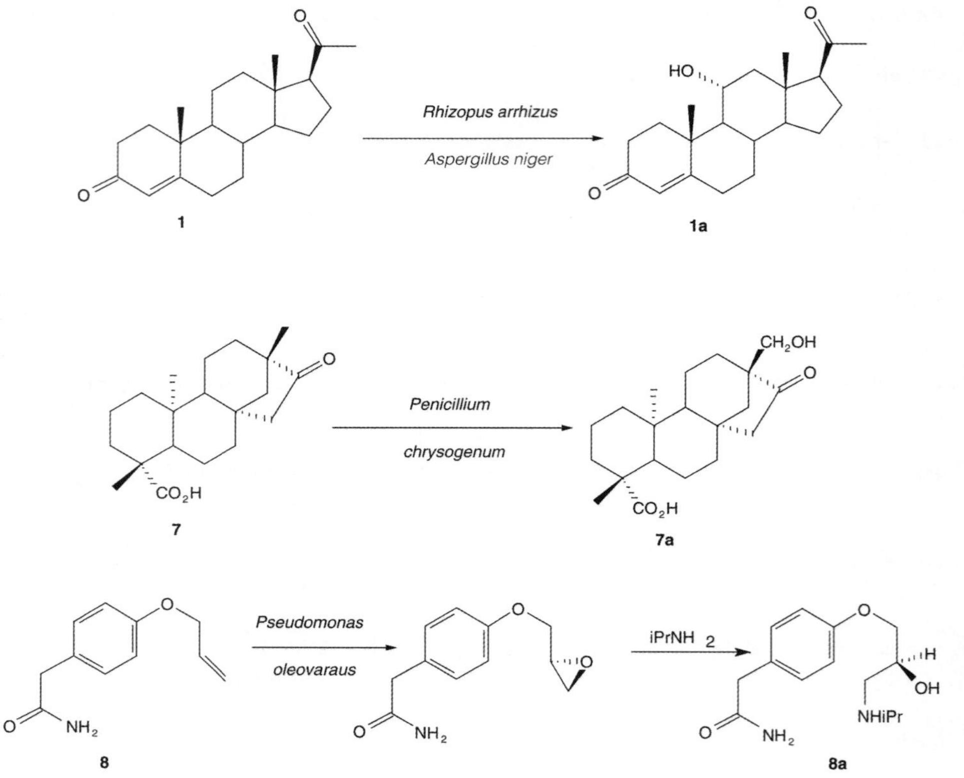

FIGURA 7.1 Alguns exemplos de biotransformação.

Biotransformação de esteroides: introdução de oxigênio no carbono 11 da progesterona

Substrato

Os esteroides são substâncias que possuem um núcleo peridrociclopen-tanofenantreno, e são de grande importância médica, sendo usados na terapêutica com atividades anti-inflamatória, diurética, anabólica, contraceptiva, antian-drogênica, progestacional e anticâncer, bem como outras aplicações.[11]

Várias reações de hidroxilação microbiana e desidrogenação, são industrial-mente importantes devido à produção de hormônios esteroidais e seus análogos, particularmente as hidroxilações nas posições 11 e 16 dos esteroides, que conduzem aos hormônios adrenocorticoides e seus análogos.[12] Podemos citar, como exemplo, a cortisona, eficaz no tratamento de doenças reumáticas, que é obtida a partir da introdução de um grupo hidroxila na posição C-11 da progesterona.[13]

Os processos químicos utilizados para esse propósito não são econômicos, uma vez que são necessárias muitas etapas para obter a hidroxilação no C-11.[14]

---

[11] Mahato, S. B. *et. al. Phytochemistry,* 1993, v.34, n.4, p.883-98.
[12] Mahato, S. B. *et. al. Phytochemistry,* 1984, v.23, n.10, p.2131-54.
[13] Peterson, D. H. *op. cit.*; Mahato, S. B. *et. al. op. cit.,* 1993.
[14] Peterson, D. H. *op. cit.*; Mahato, S. B. *et. al. op. cit.,* 1984.

Contrariamente, o processo microbiano ocorre com grande rendimento, em uma única etapa.[15]

Na transformação microbiológica que será realizada, 11α-hidroxiprogesterona (1a) é o principal produto formado. Pequenas quantidades de diidroxiprogesterona (1b) e 11-α-hidroxialopregnano-3, 20-diona também podem ser isoladas.

Neste estudo, pode-se adicionar 50-100 mg de substrato para 100 mL de meio de cultivo com microrganismo.

Microrganismo

Usando microrganismos da ordem *Mucorales*, muitos outros esteroides devem ser oxigenados no carbono 11. Neste estudo, será utilizado o fungo *Rhizopus arrhizus*, crescido e mantido em ágar com 5% de extrato de malte. Podem ser utilizados tanto os esporos como o micélio (crescimento vegetativo) com uma semana de crescimento.

Biotransformação

O meio utilizado será o meio **H**, descrito na Tabela 7.2, com pH ajustado para 4,3-4,5 com ácido clorídrico concentrado e esterilizado a 120 °C por 20 minutos e resfriado à temperatura ambiente. Após a adição dos esporos ou do micélio, os erlenmeyers devem ser incubados a 28 °C, sob agitação. Após um período de incubação de 24 horas, o esteroide dissolvido em acetona ou etanol deve ser acrescentado ao meio que contém o microrganismo. O período de transformação é de 24 a 48 horas, e muito pouco substrato permanecerá intacto.

Extração do produto biotransformado

Tabela 7.2 Meio de cultivo para a biotransformação

Nutrientes	Quantidades
Edamina (digestão enzimática de lactoalbumina)	20 g
Infusão de milho	3 g
Glicose	50 g
Água destilada	q.s.p. = 1 L

---

[15] Mahato, S. B. *et. al. op. cit.*, 1984.

Após a filtração, o micélio deve ser extraído duas vezes com acetona, usando-se uma quantidade aproximadamente igual ao volume do micélio. O extrato acetônico obtido do micélio deve ser adicionado ao filtrado. O resíduo da primeira extração, com acetona, deve ser extraído duas vezes com diclorometano. O micélio descartado e os extratos acetônico, diclorometânico e o filtrado devem ser reunidos, formando, assim, um único extrato que contém os produtos da biotransformação.

O extrato que contém os esteroides deve ser submetido à partição líquido-líquido quatro vezes com diclorometano, utilizando-se um volume correspondente à metade do volume do filtrado original, seguido por duas extrações usando-se o volume de 1/4 do filtrado original. Esses extratos diclorometânicos devem ser reunidos e lavados duas vezes com uma solução aquosa de bicarbonato de sódio a 2%, em um volume de 1/10 do volume total do extrato diclorometânico e duas vezes com a mesma quantidade de água. Após essa etapa, devem ser acrescentados cerca de 3,5 g de sulfato de sódio anidro por litro de solvente, filtrado em funil analítico com papel de filtro, e, então, submetido à evaporação do solvente por destilação (rotavapor).

O resíduo deve ser dissolvido em uma quantidade mínima de diclorometano e colocado em um recipiente previamente pesado. Ele poderá ser seco à temperatura ambiente ou por aquecimento, obtendo-se um resíduo cristalino.

Os produtos da transformação podem ser isolados e purificados por cristalização direta ou por cromatografia e, então, devem ser caracterizados. Quando o rendimento da bioconversão é alto, a substância 11-α-hidroxiprogesterona (1a) pode ser obtida diretamente:

a) por lavagem dos cristais do extrato com 4 ou 5 porções de éter (5 mL/g de 1a), ou

b) por cristalização do xarope diclorometânico por adição de éter; se o xarope original for muito escuro, a descoloração pode ser obtida por tratamento com magnesol (silicato de magnésio adsortivo: 0,25 g/g do esteroide original). O magnesol deve ser, então, lavado completamente com diclorometano aquecido e as lavagens, adicionadas ao filtrado, que concentrado para aproximadamente 2 mL de diclorometano/g de 1a; para induzir a cristalização, é adicionado éter (10 mL/g de 1a); após meia hora em temperatura ambiente, a cristalização é completada em temperatura de refrigeração por 2 a 3 horas, quando os cristais serão separados por decantação e lavados quatro vezes com éter (cerca de 5 mL/g do esteroide). Nessa cristalização, geralmente é produzido um produto de alta pureza, representando cerca de 95% do produto utilizado. Além do diclorometano, acetato de etila ou outros ésteres ou metanol ou outros álcoois podem ser utilizados para a cristalização.

Análise do produto biotransformado

Ponto de fusão e atividade óptica:

Uma comparação das constantes físicas pode indicar a biotransformação do substrato (oxidação da progesterona), como mostra a Tabela 7.3.

Espectrometria de massas

O produto de fórmula molecular $C_{21}H_{30}O_3$ com massa molar 330 Da pode ser analisado por cromatografia gasosa acoplada à espectrometria de massas (CG/EM), observando o pico do íon molecular e propondo fragmentações que confirmem o produto biotransformado.

Tabela 7.3 Dados físicos do substrato e dos produtos

Substância	Ponto de Fusão (°C)	$[\alpha]^{20}_D(°)$
1	128–129	
1a	166–168	+ 175,9 (clorofórmio)
1b	245–248	+ 144 (piridina)
1c	198–200	+84

Pode ser utilizada uma rampa com variação de temperatura de 3 minutos com uma temperatura de 140 °C em uma velocidade de 8,0 °C/minuto, seguida de um aumento de temperatura para 290 °C com velocidade de 4 °C/minuto, chegando numa temperatura final de 325 °C, utilizando uma coluna DB-1 (30 m). Com essa rampa, os esteroides apresentarão tempo de retenção entre 18 e 23 minutos.[16]

Espectro de absorção no infravermelho

Um grupo hidroxila pode ser identificado por espectrofotometria no infravermelho, que apresenta uma deformação axial entre 3.100-3.500 cm^{-1}.

O espectro no infravermelho indicará a adição de um grupo hidroxila (1a) e de dois grupos hidroxila (1a) na molécula da progesterona. Além disso, outras bandas, tais como as deformações dos grupos metila em 2.870-2.940 cm^{-1}, da carbonila C-3 em 1.670 cm^{-1} e da dupla ligação entre C-4 e C-5 em 1.620 cm^{-1}, também podem contribuir para a confirmação da presença dessas substâncias.[17]

Dados de RMN

Os espectros de RMN ^1H e de RMN ^{13}C, entre outros, podem fornecer dados que confirmem a presença da hidroxilação no substrato.

Biotransformação do diterpenoide isosteviol por *Aspergillus niger*[18]

Substrato

O esteviosídeo é um glicosídeo doce extraído comercialmente das folhas da *Stevia rebaudiana* usado como adoçante não calórico em muitos países. A hidrólise ácida desse glicosídeo produz isosteviol, um diterpenoide tetracíclico de esqueleto beyerano, com atividade biológica de inibição da atividade alimentar em insetos (*antifeeding*) e atividade do tipo das giberelinas, agindo como hormônio de crescimento em plantas. O modelo de hidroxilação desses compostos bioativos pode influenciar em suas ligações aos receptores, acentuando as propriedades já existentes, ou conduzir a novas atividades biológicas.

---

[16] Santos, R. M. G. Dissertação de mestrado, Universidade Federal de São Carlos, 1999.

[17] Oliveira, B.H. *et. al. Química nova*, 1996, v.19, n.3, p.233-6.

[18] Oliveira, B.H. *et. al. Phytochemistry*, 1999, v.51, p.737-41.

Para obter o substrato **7**, é necessário promover a hidrólise do esteviosídeo (3 g) em água (50 mL) com ácido clorídrico concentrado (1 mL) e manter essa mistura aquecida sob refluxo por 2 horas. O produto é recuperado em clorofórmio e evaporado. A recristalização com Me_2CO-petrol fornecerá o substrato 7 prismas.

De acordo com o experimento descrito na literatura, utilizando 500 mg de substrato, pode-se obter 137 mg de 7b e 33 mg de 7c, recuperando, ainda, 50 mg do substrato de partida.

Microrganismo

O microrganismo pode ser mantido em culturas sobre ágar, batata e dextrose (meio PDA), descrito na Tabela 7.4. Além do *Aspergillus niger*, também pode ser utilizado o *Rhizopus arrhizuz*.

Tabela 7.4 Meio de cultivo PDA

Nutrientes	Quantidades
Ágar	15 g
Batata	300 g
Dextrose	20 g
Água destilada	q.s.p. = 1 L

Biotransformação

Será preciso utilizar cinco erlenmeyers. Cada um deve conter 200 mL do meio descrito na Tabela 7.5, com o fungo em cultura de 48 horas sob agitação, à temperatura de 30 °C. Cerca de 500 mg de isosteviol dissolvido em 2 mL de dimetilsulfóxido devem ser distribuídos em quatro erlenmeyers; um deve ser mantido como controle. A fermentação deve ocorrer nas mesmas condições durante 7 dias.

Após esse período o micélio deve ser filtrado e lavado com acetato de etila. O filtrado também deve ser extraído com o mesmo solvente. As duas partes orgânicas (extrato do micélio e filtrado) devem ser reunidas e secadas, utilizando-se sulfato de sódio anidro como secante. Em seguida, essa mistura orgânica deve ser evaporada, obtendo-se o extrato bruto, o que pode ser comparado com o frasco controle por CCD. O extrato bruto deve ser esterificado com diazometano e submetido à cromatografia em coluna sobre sílica gel, eluindo com clorofórmio: acetato de etila (2:1) e para obter, dessa forma, os compostos 7, 7b e 7c.

Análise do produto biotransformado

Ponto de fusão

O ponto de fusão de 7b é de 189-191 °C e o de 7c é de 211-213 °C.

Tabela 7.5 Meio de cultivo para a biotransformação

Nutrientes	Quantidades
Glucose	10 g
Solução de infusão de milho	8 g
Extrato de levedura	2 g
Água destilada	q.s.p. = 1 L

Espectrometria de massas

Os produtos de fórmula molecular $C_{21}H_{32}O_4$, com massa molar 348 Da, para 7b, e $C_{21}H_{32}O_5$, com massa molar 364 Da, para 7c, podem ser analisados por CG/EM, via impacto eletrônico, observando o pico do íon molecular e propondo fragmentações que confirmem o produto biotransformado.

Espectro de absorção no infravermelho

Um grupo hidroxila pode ser identificado por espectrofotometria no infravermelho, que apresenta uma deformação axial entre $3.100\text{-}3.500$ cm^{-1}. Para a substância 7b, o espectro no infravermelho mostra um espectro típico de um cetoéster (1.744, 1.707 cm^{-1}), mas com uma hidroxila (3.517 cm^{-1}), o que indica que a hidroxilação aconteceu e que os grupos carboxil e ceto não foram afetados.

Dados de RMN

Os espectros de RMN^1H e de $RM^{13}C$, entre outros, podem fornecer dados que confirmem a presença da hidroxilação no substrato.

Os dados de $RMN^{13}C$, descritos na Tabela 7.6, indicam que os grupos carbonilas ceto e éster de C-16 e C-19 não foram afetados com a biotransformação. A hidroxilação ocorrida em C-7 é confirmada pela absorção em δ 76,1 ppm.

Hidroxilação do ansiolítico lesopitron[19]

Substrato

Além da classe dos barbitúricos, o anel pirimidina está presente em vários fármacos, tais como o hipertensivo minoxidil e o ansiolítico buspirona, bem como

---

[19] Gotor, V. *et. al., Tetrahedron,* 1997, v.53, n.18, p.6421-32.

Tabela 7.6 Deslocamentos químicos (ppm) de RMN^{13}C do isosteviol (7) e dos produtos da sua biotransformação (7b e 7c)

C	7	7b	7c
1	40,7	39,4	81,0
2	20,1	18,8	29,1
3	38,5	37,2	35,7
4	44,6	43,6	44,3
5	58,2	48,6	49,3
6	22,9	29,3	30,1
7	42,5	76,1	76,2
8	48,2	48,5	48,7
9	55,9	47,3	45,7
10	39,2	37,7	43,7
11	21,4	19,8	23,2
12	39,1	37,7	37,6
13	41,0	43,2	42,9
14	55,2	49,8	50,2
15	49,8	47,1	47,4
16	225,1	221,7	221,7
17	20,2	19,8	19,8
18	29,5	28,5	28,4
19	181,5	178,1	177,8
20	14,0	12,8	8,4
OMe		51.3	51.6

em outros agentes antimicrobianos e antitumorais. O ansiolítico não benzodiazepínico lesopitron (1) apresenta como um dos metabólitos humanos, o derivado hidroxilado em C-4, como uma das primeiras etapas para a degradação desse fármaco no organismo (1a: 2-{4-[4-) (4-cloro-1H-pirazol-1-il) butilpiperazin-1-il}-pirimidin-4(3H)-ona).

Esse metabolismo pode ser visualizado realizando-se um estudo da sua biotransformação na presença de um microrganismo, por exemplo, *Rhodococcus erythropolis*.

O lesopitron é encontrado na forma de sal, como hidrocloreto, e serão necessários 140 mg desse substrato.

Microrganismo

A composição do meio de crescimento consta de duas fases: a primeira (Tab. 7.7) é esterilizada por autoclavagem e a segunda (Tab. 7.8) é esterilizada por filtração, devido à baixa estabilidade térmica dos seus constituintes.

Os meios, depois de esterilizados separadamente, devem ser reunidos (600 mL em um erlenmeyer de 2 L), inoculados com 50 mL de uma cultura de 72 horas e incubados sob agitação a 200 rpm, à temperatura de 28 °C até obter uma densidade óptica de 1,0 (*ca*) em 650 nm. As células devem ser, então, centrifugadas a 5.500 rpm, por 12 minutos, e ressuspensas no meio de cultivo fresco sem a presença da 2,5-dimetilpirazina, ajustado para uma densidade óptica de 10 (*ca*) a 650 nm.

Biotransformação

O substrato (140 mg) deve ser acrescentado à suspensão bacteriana (70 mL da suspensão em um erlenmeyer de 250 mL) e incubado nas condições especificadas no item Microrganismo da p.148, até o desaparecimento do substrato, o que pode ser monitorado por CCD (eluente: clorofórmio:hexano:éter etílico:metanol 3:2:1:0,5).

As células devem ser centrifugadas como descritos no item microorganismo pag.148, lavadas com água destilada, e as fases aquosas combinadas são extraídas continuamente durante 24 horas com acetato de etila.

Após a secagem com sulfato de sódio anidro, o solvente orgânico deve ser destilado sob pressão reduzida, obtendo-se o extrato bruto. O produto deve ser recristalizado com hexano:clorofórmio (10:1).

Tabela 7.7 Nutrientes do meio de crescimento

Nutrientes	Quantidades (mg/L)
$(NH_4)_2SO_4$	2000
Na_2HPO_4	2000
KH_2PO_4	1000
$NaCl$	3000
$MgCl_2 \cdot 6H_2O$	400
$CaCl_2 \cdot 2H_2O$	14,5
$FeCl_3 \cdot 6H_2O$	0,8
$ZnSO_4 \cdot 7H_2O$	0,10
$MnCl_2 \cdot 4H_2O$	0,09
H_3BO_3	0,30
$CoCl_2 \cdot 6H_2O$	0,01
$NiCl_2 \cdot 6H_2O$	0,02
$NaMoO_4 \cdot 2H_2O$	0,03
$EDTANa_2 \cdot 2H_2O$	0,005
$FeSO_4 \cdot 7H_2O$	0,002
pH = 7,0	

Tabela 7.8 Nutrientes do meio de crescimento esterilizado por filtração

Nutrientes	Quantidades (mg/L)
Hidrocloreto de piridoxal	0,01
Riboflavina	0,005
Nicotinamida	0,005
Hidrocloreto de tiamina	0,002
Biotina	0,002
Ácido pantotênico	0,005
Ácido para-aminobenzoico	0,005
Ácido fólico	0,002
Vitamina B_{12}	0,005
2,5-dimetilpirazina	1000

Análise do produto biotransformado

Ponto de fusão

O ponto de fusão de 1a é de 137,1–138,9 °C.

Espectrometria de massas

O produto de fórmula molecular $C_{15}H_{21}ClN_6O$, com massa molar 336,83 Da, pode ser derivatizado com Cl-TMS/piridina e analisado por CG/EM, observando o pico do íon molecular e propondo fragmentações que confirmem o produto biotransformado.

Espectro de absorção no infravermelho

Um grupo hidroxila pode ser identificado por espectrofotometria no infravermelho, que apresenta uma deformação axial entre 3.100-3.500 cm^{-1}.

Dados de RMN

Os espectros de RMN^1H e de $RMN^{13}C$, entre outros, podem fornecer dados que confirmem a presença da hidroxilação no substrato.

No espectro de RMN^1H obtido em clorofórmio-*d*, podem ser vistos os seguintes deslocamentos químicos: 1,46 (dq, 2H); 1,86 (dq, 2H); 2,34 (t, 2H, J=7,0Hz); 2,45 (br, s, 4H); 3,72 (br, s, 4H); 4,07 (t, 2H, J=7,0Hz); 5,71 (d, 1H, pirimidina H-5, J=6,4Hz); 7,36 (s, 1H, anel pirazol); 7,39 (s, 1H, anel pirazol); 7,72 (d, 1H pirimidina H-6, J=6,4Hz), ca 11,7 (br, s, NH).

No espectro de $RMN^{13}C$ também obtido em clorofórmio-*d*, os sinais dos deslocamentos químicos dos carbonos apresentam os seguintes deslocamentos químicos: 23,4 (t); 27,8 (t); 44,2 (t); 52,4 (2t); 57,3 (t); 102,0 (pirimidina C-5); 109,3 (pirazol C-Cl); 126,7 (pirazol C-5); 137,2 (pirazol C-3); 154,3 (pirimidina C-2); 156,9 (pirimidina C-6); 165,8 (pirimidina C-4).

Referências bibliográficas

ARANTES, S. F. e HANSON, J. R. "The hydroxylation of the sesquiterpenoid guaioxide by *Mucor plumbeus*". *Phytochemistry*. v.51. 1999. p. 757-60,

BARREIRO, E. J.; FERREIRA, V. F. e COSTA, P. R. R. "Substâncias enantiomericamente puras (SEP): a questão dos fármacos quirais". IN: *Química Nova*. v.20, n.6. 1997. p.647-56.

CABEZA, M. S.; GUTIERREZ, E. B.; GARCIA, G. A.; AVALOS, A. H. e HERNANDEZ, M. A. H. "Microbial transformations of testosterone to 5 alpha-dihydrotestosterone by two species of *Penicillium*: *P. chrysogenum and P. crustosum*". Steroids. v.64, n.6. 1999. p.379-84.

DUHART, B. T.; ZHANG, D.; DECK, J.; FREEMAN, J. P. e CERNIGLIA, C. E. "Biotransformation of protriptyline by filamentous fungi and yeasts". IN: *Xenobiotica*. v.29, n.7. 1999. p.733-46.

EDLIN, D. A. N.; NARBAD, A.; DICKINSON, J. R. e LLOYD, D. "The biotransformation of simple phenolic compounds by *Brettanomyces anomalus*". IN: *FEMS Microbiology Letters*. v.125. 1995. p.311-6.

FABER, K. "*Biotransformations in Organic Chemistry – a textbook*". Berlim, Springer-Verlag, 1995.

GALAL, A. M.; IBRAHIM, A.R. S.; MOSSA, J. S. e EL-FERALY, F. S. "Microbial transformation of parthenolide". *Phytochemistry*. n.51. 1999. p.761-5.

GOTOR, V.; QUIRÓS, M. e LIZ, R. "Fungal and bacterial regioselective hydroxylation of pyrimidine heterocycles". IN: *Tetrahedron*. v.53, n.18. 1997. p.6421-32.

GRANADOS, A. G.; MARTÍNEZ, A. e QUIRÓS, R. "Chemical-microbiological semi-synthesis of e*nantio*-Ambrox derivatives". IN: *Tetrahedron*. v.55. 1999. p.8567-78.

KING, A. e DICKINSON, J. R. "Biotransformation of monoterpene alcohols by *Saccharomyces cerevisiae, Torulaspora delbrueckii* and *Kluyveromyces lactis*". IN: *Yeast*, v.16, n.6. 2000. p.499-506.

LIMA, V. L. E. "Os fármacos e a quiralidade: uma breve abordagem". IN: *Química Nova*. v.20, n.6. 1997. p.657-63.

MAHATO, S. B. e MAJUMDAR, I. "Current trends in microbial steroid biotransformation". IN: *Phytochemistry*. v.34, n.4. 1993. p.883-98.

MAHATO, S. B. e MUKHERJEE, A. "Steroid transformations by microorganisms". IN: *Phytochemistry*. v.23, n.10. 1984. p.2131-54.

MIYAZAWA, M.; OKAMURA, S. YAMAGUCHI, M. e KAMEOKA, H. "Biological stereoselective reduction of 4-methylcyclohexanone and 4-ethylcyclohexanone by anthracnose fungi". IN: *Journal of Chemical Technology and Biotechnology*. v.75, n.2. 2000. p.143-6.

OLIVEIRA, B. H. e BUENO, D. D. "Biotransformação de esteróis". IN: *Química Nova*. v.19, n.3. 1996. p.233-6.

OLIVEIRA, B. H.; SANTOS, M. C. e LEAL, P. C. "Biotransformation of the diterpenoid, isosteviol, by *Aspergillus niger, Penicillium chrysogenum* and *Rhizopus arrhizus*". IN: *Phytochemistry*. v.51. p.737-41.

PARSHIKOV, I. A.; FREEMAN, J. P.; WILLIAMS, A. J.; MOODY, J. D. e SUTHERLAND, J. B. "Biotransformation of N-acetylphenothiazine by fungi". IN: *Applied Microbiology and Biotechnology*. v.52, n.4. 1999. p. 553-7.

PETERSON, D. H.; MURRAY, H. C.; EPSSTEIN, S. H.; REINEKE, L. M.; WEINTRAUB, A.; MEISTER, P. D. e LEIGH, H. M. "Microbiological Transformations of steroids. I. Introduction of oxygen at carbon-11 of progesterone". IN: *Journal of American Chemical Society*. v.74. 1952. p.5933.

PHELPS, C. D. e YOUNG, L. Y. "Microbial metabolism of the plant phenolic compounds ferulic and syringic acids under three anaerobic conditions". IN: *Microbial Ecology.* v.33. 1997. p.206-15.

SANTOS, R. M. G. "Interação planta-microrganismos: o papel de metabólitos secundários na interação de *Melia azedarach* com fungos filamentosos". Dissertação de Mestrado – Universidade Federal de São Carlos, 1999.

SOLOMONS, G. e FRYHLE, G. "Organic Chemistry". 7.ed. New York, John Wiley & Sons, 2000.

VIEIRA, H. S.; TAKAHASHI, J. A. e BOAVENTURA, M. A. D. "Biotransformation of methyl ent-17-hydroxy-16-beta-kauran-19-oate by *Rhizopus stolonifer*". *Applied Microbiology and Biotechnology.* v.53, n.5. 2000. p.601-4.

YUE, Q.; BACON, C. W. e RICHARDSON, M. D. "Biotransformation of 2-benzoxazolinone and 6-methoxy-benzoxazolinone by *Fusarium moniliforme*". IN: *Phytochemistry*, v.48, n.3. 1998. p.451-4.